国家自然科学基金面上项目(51074159)资助
江苏省自然科学青年基金项目(BK20160272)资助
中国矿业大学煤炭资源与安全开采国家重点实验室自主研究课题(SKLCRSM14X04)资助
中央高校基本科研业务费专项资金(2015QNA59)资助

咪唑类和季辚盐类室温离子液体影响煤氧化特性的基础研究

张卫清◎著

U0308603

中国矿业大学出版社

·徐州·

内 容 提 要

离子液体是绿色化学的前沿热点,在能源、资源、环境等方面有着广泛的应用研究。本书以离子液体在煤自燃防治领域的应用为宗旨,主要研究了咪唑类和季膦盐类两类室温离子液体对煤自燃氧化进程热失重、放热量、气体产物、微观有序碳结构以及表面官能团等的影响,揭示不同种类离子液体影响煤氧化进程的微观作用过程,为寻找能显著减弱煤氧化活性的防灭火材料研究提供实验依据和理论参考。

本书可供矿业工程、安全工程等相关专业的高等院校、科研院所的师生、研究人员以及相关领域工程技术人员参考使用。

图书在版编目(C I P)数据

咪唑类和季膦盐类室温离子液体影响煤氧化特性的基础研究 / 张卫清著. — 徐州:中国矿业大学出版社,2016.11

ISBN 978-7-5646-3364-6

Ⅰ. ①咪… Ⅱ. ①张… Ⅲ. ①煤炭自燃-研究 Ⅳ.①TD75

中国版本图书馆 CIP 数据核字(2016)第 302411 号

书 名	咪唑类和季膦盐类室温离子液体影响煤氧化特性的基础研究	
著 者	张卫清	
责任编辑	于世连	
出版发行	中国矿业大学出版社有限责任公司	
	(江苏省徐州市解放南路 邮编 221008)	
营销热线	(0516)83885370 83884103	
出版服务	(0516)83995789 83884920	
网 址	http://www.cumtp.com E-mail:cumtpvip@cumtp.com	
印 刷	徐州中矿大印发科技有限公司	
开 本	787 mm×1092 mm 1/16 印张 7 字数 175 千字	
版次印次	2016 年 11 月第 1 版 2016 年 11 月第 1 次印刷	
定 价	38.00 元	

(图书出现印装质量问题,本社负责调换)

前 言

煤自燃是制约煤炭工业安全可持续发展的主要灾害之一。现有的各种煤自燃防治技术中,能对煤化学结构产生影响并从本质上改变煤自燃氧化进程的防灭火材料研究已成为煤矿安全领域的主要热点之一。室温离子液体是国际绿色化学的前沿热点,具有很多独特的物理化学性质,如熔点低、液程范围宽、挥发性极低、不易燃、热稳定性高以及对许多有机和无机物质优良的溶解能力等,在有机合成、催化、萃取分离、材料制备等诸多领域有着广泛应用。近年来,离子液体在煤化学领域的应用研究也得到国内外不少学者的广泛关注。国内外学者的研究主要集中在煤液化领域对煤的溶解溶胀处理以及从煤液化残渣中萃取有价值化合物。相关研究结果显示离子液体能够有效溶胀溶解并破坏煤结构,对煤的化学反应性产生一定的影响。而煤自燃的化学本质就是煤中活性结构的低温氧化反应性,因此将离子液体应用于煤自燃防治领域,深入研究从本质上改变煤中结构氧化活性的防自燃技术,对于绿色环保高效的矿井防灭火材料的研制具有重要的理论意义和应用价值。

在国家自然科学基金项目(51074159)、江苏省自然科学青年基金项目(BK20160272)、中央高校基本科研业务费专项资金(2015QNA59)、煤炭资源与安全开采国家重点实验室自主研究课题(SKLCRSM14X04)、中国矿业大学"启航计划"等项目的资助下,作者在煤自燃机理、煤自燃氧化微观结构特征、离子液体性质以及离子液体与煤中氧化活性结构的微观作用机理等方面取得了一些创新性成果。本书对以上方面进行了比较详细的论述,希望对从事这方面及相关领域研究的科技工作者有所启示。

本书以离子液体在煤自燃防治领域的应用为研究宗旨,主要研究了咪唑类和季膦盐类两类室温离子液体对煤氧化进程中热失重、放热量、气体产物、微观有序碳结构以及表面官能团等宏微观表征参数的影响,揭示了不同种类离子液体影响煤氧化进程的微观作用过程,为研究开发能显著减弱煤氧化活性的防灭火材料研究提供实验依据和理论参考。

全书共分8章。第1章介绍了煤自燃机理及煤中氧化活性结构的研究现状,室温离子液体及其在煤化学领域的研究现状,提出了本书的研究目标与研究内容。第2章分析研究了褐煤、烟煤、无烟煤三种不同煤级煤的氧化特性差异。第 3 章利用热重、差热和红外光谱分析技术研究了咪唑类离子液体对煤氧化特性的影响。第 4 章利用热重、拉曼光谱和红外光谱分析技术研究了季膦盐类离子液体对煤氧化特性的影响。第 5 章分析评价了离子液体与煤在氧化过程中的相互作用程度,揭示了离子液体阻化煤氧化进程的作用机制。第 6 章对全书进行了总结。

作者在研究工作中得到了中国矿业大学蒋曙光教授的精心指导和大力支持,在此成书之际,衷心地表示感谢。作者衷心感谢英国贝尔法斯特女王大学 Chris Hardacre 教授和 Peter Goodrich 研究员在我赴英留学期间给予的大力帮助和指导。衷心感谢中国矿业大学吴征艳副教授、邵昊讲师、王凯讲师、李钦华博士、胡利明博士、裴晓东博士在研究过程中的有益探讨和交流。感谢中国矿业大学苗梦露硕士、王云航硕士、李亮海硕士、胡成洲硕士、张平硕士、刘涛硕士、赵红红硕士等参与的部分研究工作。感谢邹伟硕士、曹爱虎硕士、丁燕峰硕士、林梦华硕士、裴为华硕士等参与的表格录入工作,感谢李幸硕士、周建增硕士、张哲瑞硕士、王彦恒硕士、陶卫勇硕士等参与的文献查找和图片整理工作。感谢王刚博士、王海峰硕士、孙勤胜硕士的审稿工作。特别感谢陈月琴、梁巍巍在煤样采集部分给予的大力帮助。本书的撰写参阅了大量的国内外相关研究领域的文献,在此谨向文献的作者们表示诚挚的感谢。最后,感谢中国矿业大学出版社于世连编辑及相关工作人员为本书的出版所付出的辛勤劳动。

在离子液体影响煤自燃氧化进程的阻化作用机理方面虽然取得了一些成果,但很多内容还有待于今后做进一步的深入研究和完善。由于作者水平有限,书中疏漏谬误之处在所难免,敬请读者不吝指正。

作 者

2016 年 7 月

目　录

第1章　绪　　论

1.1　研究背景与研究意义

煤炭是我国的主体能源,在我国一次能源消费结构中占 70% 左右。全国的原煤产量也逐年递增,从 2000 年的 10 亿吨增长到 2012 年 36.5 亿吨。按照国家"十二五"能源规划,预计到 2015 年,全国能源消费总量将达到 41 亿吨标煤,其中煤炭消费总量将达到 38 亿吨,占一次能源消费结构的 64% 左右。尽管煤炭在一次能源结构中的比例下降,但其总量还将保持增长态势,是我国能源安全无可替代的支撑[1],对国家经济发展和人类社会文明进步有着重要的保障意义。

然而由于复杂多变的煤层赋存条件和技术水平的限制,我国煤炭行业的安全生产形势依然严峻。瓦斯、水、火、尘、冲击地压等各种灾害的威胁,严重制约了煤炭工业的安全可持续发展。煤炭自燃是矿井火灾中最普遍的一类自然灾害。煤炭自燃是由于开采和破碎后的煤暴露于空气中时因自身巨大的孔隙面积和众多的活性点能不断的吸附氧气,发生持续的氧化反应并放出热量,当氧化产热速率超过向环境的散热速率时,热量积聚使得煤堆温度升高超过煤的自燃点后出现的自发燃烧现象[2-6]。煤自燃会产生大量的温室效应气体 CO_2 以及 CO、C_2H_4、C_2H_6、C_2H_2 等有毒有害气体,严重污染环境,而且对井下工作人员的身体健康和生命安全构成威胁。煤自燃还会引起巷道垮塌和冒顶事故,甚至诱发瓦斯、煤尘爆炸,导致重特大安全事故的发生,给煤矿带来惨重的人员伤亡和巨大的经济损失。我国的煤炭回采率不高,浪费严重。煤炭产量的增加使得矿井残留遗煤增多。而综采放顶煤技术的推广使用和采深的不断增加,使得矿井漏风严重,开采条件更加复杂,进一步加剧了矿井煤自燃的危险性。在煤炭的地面运输和储存过程中,煤自燃灾害也时有发生,严重危害煤炭的安全利用。

根据国家《煤矿安全生产"十一五"规划》统计,我国大中型煤矿中,自然发火危险程度严重或较严重的煤矿占 72.9%。国有重点煤矿中,具有自然发火危险的矿井占 47.3%。小煤矿中,具有自然发火危险的矿井占 85.3%。自然发火危险煤矿所占比例大、覆盖面广。由于煤层自燃,我国每年损失煤炭资源 2 亿吨左右,封闭的工作面高达 100 多个[7-8]。《煤矿安全生产"十二五"规划》又进一步强调"加强对东北褐煤自燃区、华北烟煤自燃区、西北低变质烟煤自燃区和南方高硫煤自燃区煤炭自燃引起的内因火灾隐患的治理,防止内因火灾发生"[9]。因此,抑制煤炭自燃,防治煤自燃的发生依然是煤炭安全生产工作的重心之一,也是煤矿安全科研工作者潜心研究的热点之一。

在煤矿井下,矿井的开采方法、顶板管理、通风系统等环节都必须贯彻和符合防火要求,以最大限度的减少遗煤量、控制煤氧接触。在开采容易自燃和自燃煤层时,对采空区、突出、冒落孔洞等易自燃发火区域必须采取各种防灭火技术措施,以保障矿井的安全高效生产。

例如,均压调风、封堵漏风、改变裂隙场风流分布、注浆、注惰气、喷洒阻化剂、注凝胶、注泡沫材料等[10-19]。这些防治技术的主要作用是通过隔绝稀释氧气来控制煤氧接触,同时吸热降温,以减缓煤的氧化反应进程,其作用机理主要是物理性的,不能从根本上解决煤炭自燃问题。而通过一定的化学作用控制煤中的自由基反应或改变煤中活性基团的反应历程,能够从内在本质上影响煤的氧化进程,是解决煤自燃问题的关键。例如,已有报道的化学阻化剂、高效阻化泡沫等材料[20-26],抑制煤自燃效果良好。

室温离子液体(Room Temperature Ionic Liquids,RTILs)是一类完全由阴阳离子组成的、在室温或室温附近温度下呈液态的盐类物质,简称为离子液体(ILs)[27-30]。与普通盐类物质相比(如 NaCl,熔点 801 ℃),它是液态的;与普通液体相比(如水、汽油),它是离子的[30]。因此,离子液体具有很多独特的物理化学性质,如熔点低、液程范围宽、挥发性极低、不易燃、热稳定性高以及对许多有机和无机物质优良的溶解能力[31-38],目前已成为绿色化学化工的国际前沿和研究热点[39]。近年来,离子液体在煤化学领域的应用研究得到国内外不少学者的关注。国内研究主要集中在煤液化领域对煤的溶解溶胀处理[40-52]以及从煤液化残渣中萃取有价值化合物[53-58]。这些研究结果显示离子液体能够有效溶胀溶解并破坏煤结构,对煤的化学反应性产生一定的影响。而煤自燃的化学本质就是煤中活性结构的低温氧化反应性。蒋曙光、王兰云等首次提出将离子液体应用于煤自燃防治领域,初步研究了离子液体对煤中活性结构的破坏作用,发现离子液体能不同程度地破坏煤中的活性结构,并进而影响煤的氧化放热特性[59-61]。许多其他种类的离子液体未被涉及,离子液体影响煤氧化进程的微观化学机理还需深入研究;加之不同煤级煤中的活性结构有所差异,所得离子液体的普适性需要进行验证。离子液体与煤共存时煤的氧化进程变化也未被研究。

基于前期的研究成果,以最易自燃的褐煤样品为研究对象,深入系统研究咪唑类和季膦盐类两类离子液体对煤氧化特性的影响,为寻找能显著惰化煤氧化活性的目标离子液体种类提供实验及理论依据。这将有助于对绿色环保高效的煤自燃防灭火材料的研制,对于矿井安全生产和环境保护将具有十分重要的现实意义。

1.2 研究现状

1.2.1 煤自燃机理的研究现状

煤自燃问题的研究可追溯到 17 世纪。1686 年英国学者 Plott 和 Berzelius 发表了第一篇有关煤自燃的论文,提出了黄铁矿导因说,认为煤自燃是由于煤中的黄铁矿(FeS_2)与空气中的水分和氧相互作用发生热反应而引起的。此后几百年,世界各主要采煤国家相继开展了对煤炭自燃的研究,提出了细菌导因说(1927 年)、酚基作用说(1940 年)、煤氧复合作用学说等有关煤自燃机理的假说[2]。细菌导因说的主要观点是煤在细菌的作用下发酵放出热量导致了煤自燃。酚基作用说认为煤自燃是由于煤体内不饱和的酚基化合物强烈吸附空气中的氧同时放出一定的热量所致。煤氧复合作用学说认为煤自燃是由于煤氧在室温环境下复杂的物理化学作用放出的热量在适宜环境中积聚的最终结果[3-5,62-65]。煤氧复合作用学说从宏观角度合理解释了煤自燃问题,因而得到了国内外大多数学者的认同。

20 世纪 90 年代以来,国内外学者提出了一些更具体的学说。电化学作用学说认为:煤中含铁的变价离子能组成氧化还原系 Fe^{2+}/Fe^{3+},在煤中引起电化学反应,产生具有化学活性的链根,从而极大的催化煤的自动氧化过程,引发自燃。1996 年,李增华提出了自由基作用学说[66]认为:煤体在外力作用下(如地应力、采煤机切割等)被破碎,会造成煤有机大分子的断裂,也即分子链中共价键的断裂,由此产生大量自由基,并广泛存在于煤粒表面和煤体内部新生裂纹表面,为煤自然氧化创造了条件,引发煤的自燃。1998 年,Lopez 等提出氢原子作用学说[67]认为:煤低温氧化过程中,氢原子在煤中各大分子基团间的运动增加了煤中各基团的氧化活性,从而促进煤的自燃。1999 年,Wang 等提出了基团作用学说[68-69]认为:煤中存在大量孔隙,氧气能通过这些孔隙到达煤体内部与各基团充分作用,从而导致了煤炭自燃。这些学说均是对煤氧复合作用学说微观机理的深入剖析。但由于煤结构及煤自燃过程极为复杂,且影响因素众多,煤氧复合反应发生的微观作用机理至今仍未统一。

近年来,其他学者基于煤氧复合作用学说提出了一些反应理论。陆伟、王德明等[70-71]提出的煤自燃逐步自活化反应理论,认为煤自燃过程是一种依靠本身物理吸附热,更主要是氧化产热不断使煤体内需要不同活化能的官能团(活性结构)依次分步渐进活化而与氧发生反应的自加速升温过程。李林、Beamish 等[72]从活化能观点出发,提出煤自然活化反应机理,即温度越高,煤自然活化需要的活化能越小,零值活化能出现之后煤从被动氧化转为自加速反应,最终自燃。王继仁等[73]基于量子化学理论和红外光谱实验提出了煤微观结构与组分量质差异自燃理论,认为煤炭自燃是煤有机大分子侧链基团和低分子化合物氧化的结果,侧链基团及低分子化合物的质量差异是决定煤种及自燃特性的本质指标。

1.2.2 煤中氧化活性结构的研究现状

虽然目前还没有完善统一的煤自燃机理学说,但前期研究结果的实质均是对煤中微观活性结构氧化反应性的研究。因此煤氧复合氧化机理的总体描述可归纳为:煤自燃是煤表面的活性结构与氧接触后发生物理吸附、化学吸附并进而发生化学反应,释放出反应热并在适宜环境中蓄热至煤的着火点温度所致。这个物理化学过程的深入了解必然依赖于对煤微观分子结构的研究。

现代煤化学理论认为[74-75]:煤并非单一化合物,其组成、结构非常复杂且极不均一,包括许多有机和无机化合物。一般认为煤的化学主体结构是由结构相似而又不完全相同的基本单元核与连接单元核的桥键和侧链以长碳链缠绕和交联聚合构成的巨大的高分子三维立体网络结构,小分子有机化合物和无机物颗粒通过非共价键力如氢键、π—π 相互作用力、范德华力、弱络合力等嵌布在大分子网络结构中,主要包括烃类(如正构烷烃)和含氧化合物(长链脂肪酸、醇和酮等)。基本单元核的主体是缩合芳香环和少量的氢化芳香环、脂环、杂环等,性能较稳定,结合牢固;基本单元核之间通过桥键联结为煤大分子,桥键的形式有不同长度的次甲基键(—CH_2—、—CH_2—CH_2—、—CH_2—CH_2—CH_2—等)、醚键—O—、次甲基醚键—CH_2—O—和芳香碳—碳键、硫键(—S—、—S—S—、—CH_2—S—)等;基本单元核的外围连接有大量的烷基侧链和各种官能团。烷基侧链主要有—CH_2—、—CH_3 等,官能团以含氧官能团为主,包括羟基、羧基、羰基、甲氧基等,此外还有少量的含硫官能团和含氮官能团。

基于煤的化学结构特征,众多学者对煤自燃氧化过程中的煤表面活性结构种类和变化进行了研究[76-85],确定了在自燃氧化过程中煤体结构单元核是稳定的,氧化主要作用于桥键、侧链中的甲基、亚甲基等脂肪烃类基团和羟基、羰基、醚键等含氧官能团。甲基、亚甲基类脂肪类官能团随氧化温度升高数量逐渐减少，说明它们易被氧攻击，表现出较强的还原性；醛、酮、酯类羰基类含氧官能团随氧化温度升高在某一温度后开始出现并逐渐增加，而羟基、醚键等则先增加后减少。煤中含氧官能团的增加主要是源于煤中脂肪烃类官能团与氧的反应。这些活性结构与氧的物理化学作用会产生大量热量，为煤自燃的持续反应奠定基础。

对于煤中各活性基团的具体氧化反应历程，不少学者对其进行了描述[5,63,86-90]，如图 1-1 所示。在氧化过程中，煤中脂肪烃类侧链、桥键上的碳自由基能吸附氧气形成不稳定的过氧化物，并快速转化为含 C＝O 键的醛或酮类化合物。而醛基上的氧原子能够被 R'、OH' 自由基夺取形成 C＝O 自由基，且醛/酮类化合物中的 C—H、C—R 键也能热解脱除 H/R 产生 C＝O 自由基。C＝O 自由基极易吸附氧气，并随即夺取其他化学键（R—H、—O—H、—CO—H）上的氧形成过氧酸。过氧酸能够氧化醛、酮类化合物生成羧酸/酯类化合物。随着氧化过程的深入，进一步转化为活性较弱或丧失活性的官能团，如醚键和酸酐类化合物等，并伴随 CO、CO_2 等气体的生成逸散和热量的释放。因此煤中脂肪烃类和含氧类官能团越多，煤越易氧化，其自燃危险性也就越强。

图 1-1 中，R、R'、R''代表煤结构中的烃基，R' 代表煤中的自由基。

1.2.3　煤自燃氧化过程防治的研究现状

煤的氧化自燃过程受多种因素影响，除了煤本身内在的物理、化学、力学性质外，还与煤样所处的环境温度、氧浓度、湿度等密切相关。在煤矿井下，煤自燃多发生在采空区、煤巷冒顶处以及存在裂隙或破碎的煤柱内。在开采过程中，煤体在采动压力作用下受压破碎，形成大量漏风通道；在回采过程中，采空区留有大量浮煤；停采线压差最大，漏风严重，这些都为煤自燃提供了有利的供氧条件。当煤层具有自燃倾向性，且蓄热环境较好时，煤体不断氧化升温，达到着火温度后引发燃烧。在煤炭使用过程中，煤自燃多发生在堆煤场中，这与煤堆体积较大，热量不易散失有主要关系，但本质上还是煤的氧化活性。

针对煤自燃的发生发展过程，许多防治方法被研究开发利用，以抑制煤自燃进程。在煤矿现场，矿井的通风系统、开采方法、顶板管理等环节都必须贯彻和符合防火要求。同时，煤矿采用多种防灭火材料来阻碍或抑制煤的氧化进程，保障煤炭生产过程的安全。防灭火材料的作用方式主要包括两种[91]：① 从影响煤氧化过程的氧浓度、温度等外在因素出发，利用防灭火材料稀释氧气浓度、覆盖煤表面活性中心以阻隔煤氧接触，同时吸热降温，以达到减少氧化反应发生减缓氧化反应速率的目的，如注惰气、黄泥灌浆、注凝胶、注高聚物乳液、三相泡沫等；② 从氧化反应的本质出发，通过向煤样中添加合适的防灭火材料来改变煤体表面活性结构的种类和数量，或者是改变氧化反应历程，以达到控制氧化反应进行的目的，如无机盐类阻化剂、抗氧化剂等材料。这些材料均能在一定程度上起到阻化煤自燃氧化进程的作用，但前者的作用机理主要是物理性的，不能从根本上解决煤自燃问题。无机盐类阻化剂除了具有"吸水盐类液膜隔氧降温"的物理性作用外，还能阻止煤氧化的自由基链式反应，从化学本质上影响煤的氧化进程，因此得到了较广泛的应用研究[16,92-111]。不过也有研究者指出无机盐类液膜容易干涸破裂，阻化剂可能变成催化剂，加速煤的氧化反应[98,103]。抗氧化剂、防老化剂等能够捕获塑料和橡胶在老化过程中产生的活性自由基，中断氧化反应

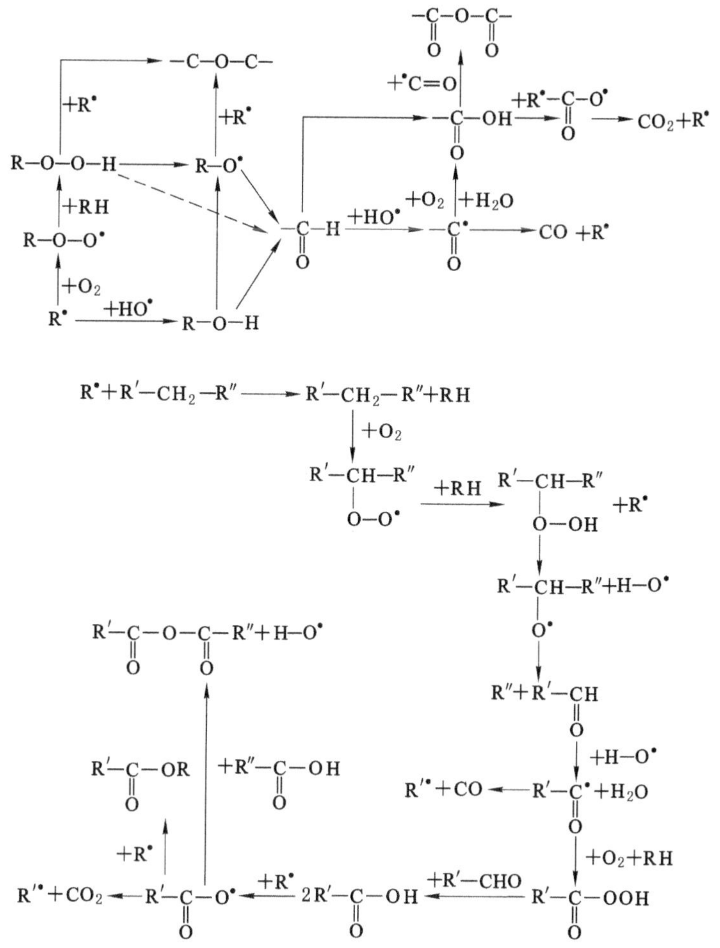

图 1-1 煤中活性基团的反应历程

链,从而抑制老化现象的发生,因此被不少学者应用于煤自燃防治材料的研究中[94-97]。这些物质能够通过化学作用机制改变煤中活性官能团的分布、自由基的数量或氧化反应历程,从本质上控制煤的氧化过程,因此化学性阻化剂的研究目前已成为矿井开采和利用行业中致力于火灾安全工作者们的研究热点。

$CaCl_2$、$MgCl_2$、NaCl 和 KCl 等卤盐是较早应用于煤阻化研究的化学物质。Smith 等[16]曾测定了不同煤样的临界自加热温度和煤温到达 150 ℃的时间,以此表征不同卤盐在抑制煤自加热方面的效果;其研究结果表明 $NaNO_3$、NaCl、$CaCO_3$ 等能抑制煤氧化进程,是最有效的阻化剂;$CaCl_2$、$NH_4H_2PO_4$、$CaCO_3$(dry)、NH_4Cl、NaAc、KCl 的阻化效果依次减弱;而 NaCOOH、Na_3PO_4 却是煤自加热过程的促进剂。Watanabe、Zhang 等[92-93,96-97]通过一系列实验研究发现 NaCl、KC1、Mg(Ac)$_2$、Ca(Ac)$_2$、$MgCO_3$、$CaCl_2$ 和 NaOH 能够抑制煤的低中温氧化过程,$NaNO_3$ 和 NH_4Cl 并未显示出对煤自燃明显的影响,而 Cu(Ac)$_2$、KAc、NaAc、$CuCO_3$、Na_2CO_3、K_2CO_3、$CaCO_3$ 以及 Ca(OH)$_2$、FeS_2 的引入则促进了煤的自燃。作者也研究了阻化剂 KCl、Ca(Ac)$_2$ 和促进剂 NaAc 的添加量的影响[96-97],其研究结果显示随着添加量的增加,阻化药剂和促进药剂的影响增强。Singh 等[104]研究发现 25％的 $MgCl_2$ 水溶液能有效抑制煤的自热特性。王继仁等[105-106]利用热重分析仪对引入 $MgCl_2$、NaCl 和 KCl 的煤样进行了实验研究并计算了煤样的活化能变化,认为阻化剂并非在煤氧化过程的每个阶段都起阻化作用,其作用效果具有选择性。

近年来仍有不少学者关注无机盐类阻化剂的研究。Taraba 等[107]利用微量热仪对 14 种可能作为煤自热阻化剂的化学添加剂进行了量热评价,包括 8 种无机物添加剂(NaCl、KCl、NH_4Cl、$CaCl_2$、Na_2SO_4、$NaNO_3$、NaH_2PO_4 和 Na_2SO_3)和 6 种有机物添加剂(Na-COOH、NaAc、尿素、硫脲、苯酚和乙二胺四乙酸);发现尿素是具有阻化煤低温氧化进程最显著的化学添加剂,阻化效率能达到 70％。不过进一步的研究结果发现尿素只在 200 ℃ 以下引起煤氧化过程"有效活化能"的增加[108]。超过 200 ℃ 后,尿素的存在引起了活化能的降低,说明其对煤氧化过程出现了催化作用。作为对比样品,$CaCl_2$ 的存在能引起整个温度范围内(100～300 ℃)煤的"有效活化能"提高。Pandey[109]选择了 10 种防治煤自燃的阻燃剂,K_2SO_4、NH_4Cl、$CaCl_2$、$Al_2(SO_4)_3$、NaCl、$(NH_4)_2SO_4$、$MgCl_2$、Detergent 1 (Surf)、$AlCl_3$ 和 Detergent 2 (Vanish)并测试了混有阻燃剂煤样的交叉点温度值,发现混有 $CaCl_2$、NaCl、$MgCl_2$ 和 $(NH_4)_2SO_4$ 的煤样是交叉点温度值提高最多的四种。作者进一步分析了这四种阻燃剂的不同组合与煤混合后,煤样差示扫描量热曲线和交叉点温度值的变化,发现 $MgCl_2$＋NaCl 和 $MgCl_2$＋$CaCl_2$ 组合的加入使得煤在室温－400 ℃ 范围内没有燃烧现象发生。这些阻化剂组合在现场的应用也得到了预期的效果。战婧等[91,110]研究了大量金属及其化合物作为添加剂对煤低中温氧化过程的影响,发现 Na_3PO_4、ZrP、Ni_2O_3、CeO_2、$NiCl_2$、Sb_2O_3、TiP、MnO_2 为较佳的阻化剂,且阻化效果依次减弱;Fe_2O_3、CuO、$PbCl_2$ 和 $CoCl_2$ 的阻化效果较弱;添加剂 Co_3O_4 对煤的低中温氧化过程基本无影响;Na_3PO_4 是对煤热氧化过程具有明显作用效果的添加剂。Toth 等[111]也曾成功进行了磷酸盐类无机阻化剂阻化煤阴燃的实验;不过他们的结果与 Smith 等[16]发现的 Na_3PO_4 是煤自加热过程的促进剂的结论相反。这可能与实验标准及实验所选煤样的不同有关。

1.2.4 室温离子液体的研究现状

室温离子液体是一种新兴的绿色溶剂,特指一类熔点低于室温或在室温附近的熔融盐[27-30]。组成离子液体的阳离子通常为体积庞大且结构不对称的有机离子,如 1-烷基-3 甲基咪唑(Imidazolium)、1-烷基吡啶(Pyridinium)、季铵离子(Ammonium)、季膦离子(Phosphonium)等。阴离子的种类较多,从简单的卤素离子(Cl^-、Br^- 等)到无机阴离子如四氟硼酸根($[BF_4]^-$)、六氟磷酸根($[PF_6]^-$)以及大的有机阳离子,如双(三氟甲基磺酰基)酰胺($[NTf_2]^-$)、三氟甲基磺酸根($[CF_3SO_3]^-$)等;还有一些简单的非卤素有机阴离子如醋酸根(Ac^-)、烷基硫酸根($[RSO_4]^-$)等。图 1-2 给出了目前常见的阴阳离子结构[112]。不同阴阳离子的组合以及阳离子上取代基的不同可以构成数以万计的离子液体,Holbrey 和 Seddon[113]曾预测离子液体的理论数量可高达 10^{18} 个。

最早关于离子液体的研究可追溯至 1914 年。Walden 无意间将乙胺和浓硝酸混合,制得了第一个室温离子液体硝酸乙基铵($[EtNH_3][NO_3]$)[114],熔点为 12 ℃,但该离子液体在空气中容易爆炸,因而限制了它的研究和应用。离子液体的巨大潜力也并未引起人们的

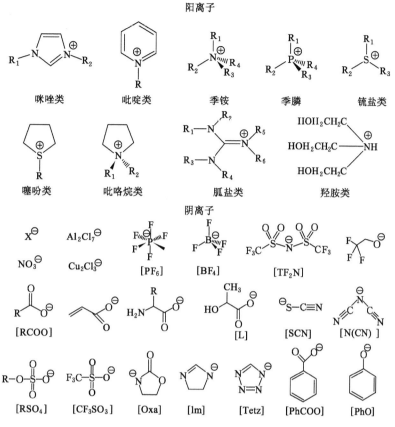

图 1-2　组成离子液体的部分阴阳离子

关注。20 世纪 40 年代末,Hurley 等在寻找室温下电解 Al_2O_3 的方法时,把 N-烷基吡啶加入 $AlCl_3$ 中并加热后生成了澄清透明的溶液[115]。这一偶然发现成为现代离子液体的雏形,开创了第一代离子液体,即氯铝酸型($[Al_xCl_y]^-$)离子液体。20 世纪 60 年代,美国空军研究院(U. S. Air Force Academy)的研究人员对氯铝酸烷基吡啶类离子液体的物理化学性质方面进行了相关测试研究,拉开了系统研究离子液体的序幕[116]。1976 年,Osteryong 等在研究有机电化学时[117],用离子液体 N-乙基吡啶四氯铝酸作电解液,发现其具有液态范围宽,能与有机物混溶,电化学窗口较宽等特点。此后,氯铝酸类离子液体得到了深入系统的研究。研究人员相继开发了烷基咪唑和烷基吡啶的其他金属氯化物盐。氯铝酸离子液体具有酸碱性可调控,阴离子价格比较低廉等优点,目前仍被研究和应用。但这类离子液体的热稳定性和化学稳定性较差,且遇水易分解(即使空气中的水蒸气也能使其分解),所以使用很不方便,这些缺点也限制了它们的广泛应用[118]。1992 年,Wikes 合成了第一个对水和空气都稳定的离子液体——1-乙基-3-甲基咪唑四氟硼酸盐($[EMIm][BF_4]$)[119]。该离子液体在很多领域得到了广泛应用。Wikes 科研小组进一步合成了一系列基于咪唑阳离子的四氟硼酸盐($[BF_4]^-$)和六氟磷酸盐($[PF_6]^-$)离子液体;这些离子液体对水和空气都很稳定,被称为第二代离子液体。之后,相关的研究日益活跃,相继合成了以$[NTf_2]^-$、$[C_3F_7COO]^-$、$[C_4F_9SO_3]^-$、$[N(C_2F_5SO_2)_2]^-$ 等为阴离子的一系列二烷基咪唑类离子液体。与以

$[BF_4]^-$、$[PF_6]^-$为阴离子的二烷基咪唑类离子液体相比,上述离子液体具有黏度更小、电化学窗口更宽、化学性能更稳定等特点,是目前研究最广泛、最深入的一类离子液体[120]。进入 21 世纪后,离子液体的研究进入一个新阶段。新型离子液体,特别是功能化离子液体的开发和应用受到普遍关注,成为离子液体研究的新方向和新增长点[121]。合成这类离子液体的主要思路之一就是向阳离子侧链取代基或阴离子上引入官能团,以改变离子液体的物理化学特性,如密度、黏度、表面张力、热导性以及对各种液体和气体的溶解性,从而赋予离子液体一些特殊的性质、用途和功能。这类离子液体称为第三代离子液体[121-122]。

离子液体发展至今,已有文献报道的种类 2 000 多种。离子液体主要的分类方法如下[112]:根据阳离子类型可分为咪唑类、吡啶类、吡咯烷类、哌啶类、吡唑类、胍盐类、季铵盐类、季辚盐类和锍盐类等;按照阴离子类型可分为金属卤化物类(如$[Al_xCl_y]^-$、$[Cu_xCl_y]^-$、$[Fe_xCl_y]^-$等)、卤盐类(F^-、Cl^-、Br^-、I^-)、酸类($[BF_4]^-$、$[PF_6]^-$、甲酸、醋酸、乳酸、盐酸、硝酸、硫酸、烷基磺酸等)、磺酰胺类、氰胺类、酯类(硫酸酯类、磷酸酯类)等;按照质子类型可分为质子型离子液体和非质子型离子液体;根据物理化学性质不同可分为酸性离子液体和碱性离子液体、亲水性离子液体和疏水性离子液体。根据离子结构不同还可分为手性离子液体、功能化离子液体、可调芳烷基离子液体以及氨基酸类离子液体等。

离子液体阴阳离子结构的高度不对称性使得阴阳离子间的库仑作用力以及分子间作用力与常规离子化合物有完全不同的表现,由此也赋予了离子液体不同于传统高温熔融盐和有机溶剂的独特的物理化学性质[27-32,121-124]。

(1)不挥发性

离子液体阴阳离子间的强静电作用使其蒸汽压极低,通常被认为不具有挥发性。这就意味着离子液体无可燃性、不易爆炸,且不会向环境释放有害的易挥发性物质,决定了离子液体环境友好的本质,因而离子液体在绿色化学领域具有潜在的应用前景,被誉为"新一代的绿色溶剂"。

(2)熔点低

离子液体阴阳离子结构对称性低,电荷分布不均匀,导致离子间相互作用力较弱,表现出熔点较低,远低于或接近室温。一般阳离子的对称性越高,离子液体的熔点越高;随着阳离子烷基链上碳原子数的增加,其不对称性增大,离子液体的熔点会降低。不过当碳原子数大于特定值(如:C_nH_{2n+1},$n \geqslant 8 \sim 10$)时,由于分子之间色散作用力增大,又会导致离子液体熔点的再次升高[125]。阴离子对离子液体熔点的影响一般是当阳离子相同时,阴离子越大,离子液体的熔点越低,例如 $Cl^- > [PF_6]^- > [NO_2]^- > [NO_3]^- > [BF_4]^- > [CF_3SO_3]^- > [CF_3CO_2]^-$[126]。不过阴离子与离子液体熔点之间的关系比较复杂,规律性较差。另外,离子液体的熔点还与取代基团的诱导作用、H—π 键和对称性等因素有一定的关系[127]。

(3)液态范围宽,热稳定性高

不同于水和大多数有机溶剂,大部分离子液体的液体温度范围都大于 300 ℃,即使在较高的温度和真空度下,也能保持稳定的液态,热稳定性良好[128-131]。离子液体的热稳定性取决于阴阳离子的结构和组成以及取代基的类型。通常阳离子的对称性越高热稳定性越好。当阳离子烷基链增长时,离子液体的热稳定性降低。例如氯代咪唑盐的热稳定性顺序为:$[EMIm]^+ > [PMIm]^+ > [BMIm]^+ > [HMIm]^+ > [OMIm]^+$[129]。不过离子液体阳离子的热稳定性普遍较高,因而阴离子的特性在很大程度上决定了离子液体热稳定性的高低。例如[EMIm][BF$_4$]在 300 ℃左右可以稳定存在,[EMIm][N(CF$_3$SO$_2$)$_2$]、[EMIm][CF$_3$SO$_3$]甚至在 400 ℃以上也能稳定存在,而[EMIm][CF$_3$CO$_2$]则在 150 ℃就开始热分解。对于相同的阳离子[BMIm]$^+$,具有不同阴离子的离子液体热稳定性顺序为:[NTf$_2$]$^-$>[Tf$_3$C]$^-$>[OTf]$^-$>[BF$_4$]$^-$>Ac$^-$>Br$^-$>Cl$^-$[130]。此外,不少学者研究了季膦盐类离子液体的热稳定性。5 种季膦盐类离子液体的热稳定性,从强到弱的顺序为[P$_{6,6,6,14}$][NTf$_2$]>[P$_{6,6,6,14}$][FAP]>[P$_{6,6,6,14}$]Ac>[P$_{6,6,6,14}$]Cl>[P$_{4,4,4,1}$][MeSO$_4$]。对于同种阴离子[NTf$_2$]$^-$,[P$_{6,6,6,14}$]$^+$的热容量几乎是[EMIm]$^+$的三倍[131]。

（4）溶解性优良

离子液体对很多无机物和有机物有良好的溶解能力,如气体、有机溶剂、高分子材料、聚合物、金属络合物等[29-38,132-160]。

离子液体与水的互溶性得到了不少学者关注[132-133]。一般地,相同阴离子时,阳离子侧链取代基越长,离子液体的极性越小,在水中的溶解性也越小,离子液体的疏水性增强。当阳离子链烷取代基上连有氧或氟原子(如羟基、磺酸基、羧酸基)时,离子液体的亲水性则会相应增强,如[EMIm][PF$_6$]为疏水性离子液体,而[HOEtMIm][PF$_6$]则可以与水互溶。阴离子对离子液体水溶性的影响较为复杂,大部分阴离子的水溶性较好,而含[PF$_6$]$^-$或[N(CF$_3$SO$_2$)$_2$]$^-$的离子液体与水不溶。当用[BF$_4$]$^-$取代[PF$_6$]$^-$时,离子液体的水溶性又会增强[134]。离子液体的阴离子与水之间普遍存在着氢键作用[135],从而在很大程度上影响了离子液体的水溶性。不同阴离子与水分子形成氢键作用的强弱顺序为:[PF$_6$]$^-$<[SbF$_6$]$^-$<[BF$_4$]$^-$<[N(CF$_3$SO$_2$)$_2$]$^-$<[ClO$_4$]$^-$<[CF$_3$SO$_3$]$^-$<[NO$_3$]$^-$<[CF$_3$CO$_2$]$^-$。Crowhurst 等[136]研究指出离子液体既可以作为氢键给予体又可作为氢键接受体,从而明显增强离子液体的溶解性。

离子液体能溶解多种气体物质[137-141]。Anthony 等[138-139]研究了 CO$_2$ 在一系列离子液体中的溶解度,发现:离子液体的阴离子对 CO$_2$ 的溶解起主要作用,阳离子起次要作用。阴离子氟化程度的增加有利于 CO$_2$ 的溶解。吴晓萍等[140]通过分子动力学模拟研究了常温下 CO$_2$、O$_2$、N$_2$、CH$_4$ 和 Ar 气体在离子液体[BMIm][BF$_4$]、[BMIm][NTf$_2$]、[OMIm][BF$_4$]以及[OMIm][PF$_6$]中的溶解度;其研究结果发现随着咪唑环上烷基链的增长,气体的溶解度增大。其中含有[NTf$_2$]$^-$阴离子的离子液体对 CO$_2$ 的溶解度较[BF$_4$]$^-$阴离子高约 2倍。气体在离子液体中的溶解度还与离子液体的极性有关。一般随离子液体极性的增大,气体的溶解度减小。Zhang[141]研究证明在咪唑环 C1 位上引入极性较强的氰丙基后,CO$_2$在离子液体中的溶解度下降。

离子液体溶解有机物方面的文献报道有很多[142-151]。Bonhote 等[142]相关研究发现[EMIm][CF$_3$SO$_3$]与有机溶剂二氯甲烷、四氢呋喃互溶,而与甲苯、二氧六环不溶。当调节阳离子中烷基链的长度时可改变离子液体的溶解度。Crosthwaite 等[143]研究了常见咪唑类离子液体与醇类的互溶性,并比较了阴离子对溶解性的影响,发现:阴离子对醇和离子液体间亲和性的影响顺序为[N(CN)$_2$]$^-$>[CF$_3$SO$_3$]$^-$>[N(CF$_3$SO$_2$)$_2$]$^-$>[BF$_4$]$^-$>[PF$_6$]$^-$。赵东滨等[144]对其制备的室温离子液体与常用有机溶剂的相溶性进行了研究,发现:不同的离子液体在同一有机溶剂中的溶解性也存在明显差异,如常见的离子液体在丙酮、乙酸乙酯中的溶解度较好,而在石油醚、正己烷中的溶解性较差。这是因为离子液体大部分都是极性的,所以易溶于极性溶剂。于颖敏等[145]测定了燃油中各组分在 3 种溴化 1-烷基-3-甲基咪唑盐离子液体[RMIm]Br(其中 R＝E、B、H)中的溶解性,发现饱和烷烃在离子液体中几乎不溶,这主要是因为咪唑类离子液体极性较强。苯系物在离子液体中有一定的溶解度是因为苯系物可与离子液体形成 H···π 氢键;含 S 和含 N 化合物在离子液体中有较大的溶解度是因为形成了 S···π 和 N···π 氢键。Holbrey 等[146]报道了苯环和许多其他芳香化合物能显著溶解在离子液体中,但并不能与离子液体完全混溶。Nie 等[147-148]研究发现二烃基磷酸盐离子液体能选择性的与芳香硫化合物作用。Rogers 等[149]测量了几种芳香族化合物如甲苯、苯胺、苯甲酸、氯苯等在水和[BMIm][PF$_6$]中的分配系数,提出离子液体有望替代传统的易挥发性有机溶剂来进行萃取分离。朱吉钦、陈健等[150]利用气液色谱法,研究了不同温度下[BMIm][PF$_6$]、[AMIm][BF$_4$]、[MpMIm][BF$_4$]等离子液体以及[MpMIm][BF$_4$]＋Ag[BF$_4$]复合型离子液体对烷烃、烯烃、苯及其同系物的溶解性能,其研究结果发现溶解度顺序为芳烃＞烯烃＞烷烃;在疏水性的[BMIm][PF$_6$]离子液体中,烷烃、烯烃和苯等的溶解度都较大;而在亲水性的[AMIm][BF$_4$]和[MpMIm][BF$_4$]离子液体中烃类的溶解度较小。芳烃化合物在离子液体中的溶解度比较大,有的离子液体完全与芳烃互溶。Hanke 等[151]针对离子液体与芳烃的互溶性进行了实验和分子热力学模拟,其结果发现离子液体的阳离子本身具有芳香性环状结构,与芳烃的部分结构相似,所以两者的相互溶解性大。

天然高分子纤维素、淀粉类材料等由于具有高度有序的结构和复杂的氢键网络,在常规溶剂里很难有效溶解。离子液体对此类难溶材料也表现出优异的溶解性能[33-36,152-157]。Swatloski[33]等首次将具有不同阴离子(Cl$^-$、Br$^-$、[SCN]$^-$、[PF$_6$]$^-$和[BF$_4$]$^-$)的咪唑基离子液体用于纤维素的溶解,发现含强氢键受体阴离子 Cl$^-$、Br$^-$、[SCN]$^-$的离子液体能最有效的溶解纤维素,而含[PF$_6$]$^-$、[BF$_4$]$^-$的离子液体不能溶解纤维素。Kosan 等[152]观察到含 Ac$^-$的离子液体对纤维素的溶解能力远胜于其他几种离子液体(包括[BMIm]Cl、[EMIm]Cl、[BMIm]Ac 和[EMIm]Ac)。Sashina 等[36]发现阴离子为 Ac$^-$的 1-丁基-3-甲基咪唑离子液体溶解天然聚合物的能力比阴离子为 Cl$^-$的离子液体要强。Miyafuji 等[153]观察到纤维素的结晶性在用[EMIm]Cl 处理后逐渐被破坏,认为[EMIm]Cl 可以被用于木头的转化过程。任强[34]、Zhang[154]等观察到[AMIm]Cl 在室温下能溶解溶胀纤维素,是纤维素的直接溶剂。郭立颖等[155]研究了[BMIm]Cl、[AMIm]Cl、[HeMIm]Cl、[AeIm]Cl、[HeEIm]Cl、[HeVIm]Cl 等离子液体对纤维素和木粉的溶解效果,发现离子液体[HeVIm]Cl 对纤维素的溶解效果最好。Kilpeläinen 等[156]采用多种二取代咪唑氯化盐离子液体在80 ℃或130 ℃的温度下对松树木屑进行了溶解,其溶解度最高可达 8％。Biswas 等[157]采用[BMIm]Cl 离子液体溶解并改性生物基聚合物淀粉和玉米蛋白,发现其溶解度在 80 ℃的温度下最高可达 15％。对于离子液体溶解纤维素的机理,普遍认为离子液体对纤维素氢键的破坏是控制溶解的关键[158-160]。

综上所述,离子液体具有多种优良特性,如不挥发性、低熔点、高热稳定性、溶解性能优良等。此外离子液体具有稳定电化学窗口宽(能达到 4～6 V,远大于传统溶剂的值,如水在酸性条件下为 1.3 V)的特点,可用作性能优良的电解液和电化学合成介质。这些独特的物理化学性质与离子液体的组成和结构密切相关。而通过改变阴、阳离子的种类及取代基、链等的长短、性质可以得到近亿种离子液体,这又赋予了离子液体另一个重要的特性"可设计性",即人们可以根据实际需要,设计出具有特定性质的目标离子液体。目前离子液体已成长为一类新型的功能介质和材料,被广泛地应用于有机合成、分离萃取、催化、电化学、生命科学、功能材料制备以及胶体与界面化学等众多领域[30-32,39,122]。

1.2.5　室温离子液体在煤化学领域的研究现状

离子液体具有低熔点、不燃性、热稳定性高、优良的溶解性能以及物理化学性质可调性等优点,使其具有巨大的应用潜力。许多学者将离子液体用于煤化学领域的研究,并在近几年得到了越来越多的关注[40-61]。

曹敏等[40-42]为了寻找绿色高效的煤液化用溶剂,初步尝试了离子液体[EMIm][BF$_4$]对煤样的溶解溶胀性能,发现煤的溶解性和溶胀度随着温度的升高和时间的延长呈先增加后减小的趋势。其实验结果表明,处理后的煤分子结构发生变化,推测煤中小分子结构相与网络结构相连的物理和化学力减弱,煤结构的自由能有所降低,不过这些现象出现的原因作者并未给出解释。耿胜楚等[43]利用离子液体[BMIm][BF$_4$]对神华煤进行了溶胀预处理,发现离子液体处理能破坏煤中的弱共价键,显著提高煤的溶胀度,进而提高了煤的液化转化率以及油气产率。随着溶胀时间增加,煤的溶胀度增大。而随着溶胀温度升高,煤的溶胀度则先增加后减小。作者推测高温溶胀处理使得煤中小分子游离基碎片和次大分子基团以复合方式重新生成大分子,导致煤结构缔合的更加紧密,反而降低了溶胀后煤的液化转化率。

Painter 等[44]首次系统研究了离子液体[BMIm]Cl、[BMIm][CF$_3$SO$_3$]、[BMIm][BF$_4$]、[BMIm][PF$_6$]、[PMIm]I 和[BMMIm]Cl 溶解煤的实验过程,发现这些离子液体均能够在很大程度上将煤样溶解、破碎和分散。作者推测离子液体破碎分散煤的能力与煤中不同混合物组分之间以及这些组分与离子液体之间的分子内相互作用有关,包括离子液体与煤中矿物质表面以及螯合离子间的静电相互作用、离子-偶极相互作用、偶极-偶极相互作用、离子液体咪唑环上 C2 氢与煤分子的氢键相互作用、离子液体与煤分子间 π-阳离子相互作用等。其中体积庞大的离子液体基团能取代金属阳离子可能是煤在离子液体中被破碎分散的主要作用。不过煤与离子液体之间相互作用的强度和程度由于煤结构的不同、咪唑环上取代基的性质不同以及阴离子性质尺寸的不同而不同,其中能在最大程度上破碎分散所研究煤样的离子液体均含有 Cl⁻抗衡离子,且阴阳离子的尺寸差别显著。这种尺寸的不一致能导致电荷密度的局部不同,促进了 Cl⁻阴离子参与酸碱相互作用的能力,因此能破坏煤分子之间的相互作用。Pulati 等[45]进一步研究指出离子液体[BMIm]Cl 破碎、分散和溶解煤的能力要强于[BMIm][BF$_4$]的能力。Painter、Pulati 等[46]的最新研究结果是利用离子液体[BMIm]Cl、[BMIm][BF$_4$]、[BMIm][CF$_3$SO$_3$]在低于 100 ℃的温度条件下对 Illinois No. 6 煤进行溶解破坏处理,确认了含 Cl⁻抗衡离子的离子液体确实比含有较大阴离子的离子液体能在更大程度上破坏和分散煤样。不过含卤素阴离子的离子液体只在 150 ℃下能稳定存在,而[BMIm][BF$_4$]、[BMIm][CF$_3$SO$_3$]的热稳定性能达到 400 ℃[161]。

雷智平等[47]利用[BMIm]Cl 对 Xianfeng 褐煤进行了萃取研究,发现随着温度升高、褐煤/[BMIm]Cl 质量比率的增大,萃取率显著增加;其实验结果显示[BMIm]Cl 能破坏煤中的非共价键相互作用,如自缔合 OH 和 OH···π 氢键,从而从褐煤中萃取出芳族化合物。之后,雷智平等[48]研究了褐煤在 200 ℃条件下在一系列离子液体([BMIm]Cl、[BMIm]Br、[BMIm]OH、[BMIm][H$_2$PO$_4$]、[BMIm][BF$_4$]、[BMIm][BrO$_3$]、[BMIm][PF$_6$]和[BPy][BF$_4$])中的溶解性,发现咪唑基离子液体的阴离子是影响萃取率和萃取物化学特性的一个重要因素。离子液体对褐煤的溶解与离子液体对煤中广泛存在的氢键的破坏有关,其中 [BMIm]Cl 几乎能显著溶解褐煤中存在的所有氢键。他们进一步[49]利用传统有机溶剂 NMP、[BMIm][BF$_4$]、[BMIm]Cl 对褐煤进行连续顺序萃取,以期通过破坏煤中不同强度的相互作用来进一步认识褐煤结构的特征,结果发现[BMIm][BF$_4$]和[BMIm]Cl 分别能破坏煤中弱的和强的氢键。

Jin Won Kim 等[50]合成了三种由不同长度不同氧原子数的烷基醚键链链相连的两个咪唑环形成的阳离子与甲苯磺酸盐阴离子组成的离子液体,并用于对煤的溶解破碎研究;其研究结果表明这些离子液体能够破碎分散和部分溶解煤样,且随着两个咪唑环之间烷基醚键链长度的增加,离子液体的溶解性能显著增强。作者根据接触模型机理认为四面体 sp^3 结构引起的角应变能使离子液体的烷基醚键链发生扭曲。醚键链越长,角应力越大,因而离子液体与煤粒表面缔合时会采取更低应力的圆形构象,导致了更小的煤片段产生。反之,醚键链较短时,角应力减小,离子液体与煤粒接触时倾向于直线构型,导致了较大煤片段的产生。

Chaffee、Qi 等[51-52]通过二氧化碳和低分子量有机胺类的缔合得到了一种"可蒸馏"的离子液体,并用于对 Victorian 棕煤的溶解研究,发现棕煤在离子液体中的溶解度能达到 18%～23%。另外,他们还发现[52]相比于广泛研究的二甲基氨基甲酸离子液体(Dim-CARB),二烯丙基氨基甲酸离子液体(DiallylCARB)和二丙基氨基甲酸离子液体(Dipropyl-CARB)的效果更好。

此外,一些学者将不同类型的离子液体用于对煤直接液化残渣的萃取[53-58],发现萃取过程可行且环境友好,并提出离子液体能有效破裂各种氢键网络结构是主要的作用机理。其中,Nie 等[53-54]研究的是一系列二烃基磷酸盐离子液体(如咪唑基、吡啶基和胺基)从煤直接液化残渣中萃取沥青烯的过程,发现离子液体阴阳离子烷基链长度、结构和大小是影响萃取产率的主要因素,这主要与阴阳离子与沥青烯分子之间不同强度的分子间相互作用的相互竞争有关。作者指出这种相互作用的机理非常复杂,还需进一步研究。Li 等[55]选取了咪唑、哌啶和吡啶作为离子液体的阳离子用于对煤直接液化残渣的溶解,发现[BPy][BF$_4$]和 [EMPip]Br 几乎无效,而咪唑基离子液体[EMIm]Ac 能溶解 17% 的煤直接液化残渣。作者进一步比较了 7 种咪唑基离子液体的溶解行为,发现含[BMIm]$^+$的离子液体的效果要强于含[AMIm]$^+$、[HMMIm]$^+$、[OMMIm]$^+$、[EMIm]$^+$的离子液体,而且在[BMIm]$^+$基离子液体中,阴离子 Cl$^-$的效果最好,明显强于[BF$_4$]$^-$和[PF$_6$]$^-$。作者进一步采用离子液体 [BMIm]Cl 和 NMP 组成的混合溶剂对煤直接液化残渣进行萃取[56],发现混合溶剂的萃取性能优于单一溶剂的使用。Wang 等[57]合成了三种含铁的磁性离子液体,分别为咪唑基 [BMIm][FeCl$_4$]、吡啶基[BPy][FeCl$_4$]和吡咯基[BMP][FeCl$_4$]离子液体,并用于从煤直接液化残渣中溶解分离沥青烯;其研究结果显示吡啶基磁性离子液体能更有效萃取沥青烯。Bai 等[58]合成了一系列含有机羧酸盐阴离子的质子型离子液体用于从煤直接液化残渣中萃取沥青烯,发现随着阴离子烷基链长度的增加;沥青烯的萃取率增加。萃取率也因阳离子的不同而不同,按照 N-甲基咪唑[MIM]$^+$、三乙基氨基[TEtA]$^+$、三甲基吡啶[MPy]$^+$的顺序增加。作者推测离子液体与沥青烯之间的氢键、π-阳离子相互作用以及电荷转移复合物等相互作用导致了沥青烯的溶解。

上述研究的关注点主要集中在对煤的溶解破坏以提高煤的液化产率和从煤液化残渣中萃取有价值的化合物。不难看出,离子液体对煤结构的显著作用是客观存在的。这些作用也必将影响到煤的氧化反应性表现。王兰云、蒋曙光等在 2009 年首次提出了"离子液体抑制煤炭自燃的新设想"[59]，预期利用离子液体对煤表面活性基团进行影响和破坏，为防治煤自燃提供新的方法途径。王兰云等[60-61]研究了烟煤样品在离子液体[AMIm]Cl、[BMIm]Cl、[BMIm][OTf]、[BMIm]Ac、[EMIm]Ac、[AOEMIm][BF$_4$]、[HOEtMIm][BF$_4$]、[EPy]Br 和[EPy][BF$_4$]中的溶解性以及经离子液体处理后煤样氧化放热特性的改变。研究结果显示离子液体确实能够破碎分散煤结构，并对煤中的芳香结构、脂肪族链烃以及羟基、羰基等含氧官能团具有不同程度的破坏作用，其中阴离子为[BF$_4$]⁻、Ac⁻的离子液体对煤中官能团的破坏效果较好，而[BMIm]Cl、[EPy]Br 离子液体对煤官能团的破坏能力较低。张卫清、蒋曙光等[162-165]进一步研究了经不同离子液体[AMIm]Cl、[EMIm][BF$_4$]、[BMIm][BF$_4$]、[BMIm]Ac、[BMIm][OTf]处理后煤中活性官能团的变化以及低温氧化气体产物的变化，发现离子液体[AMIm]Cl处理能有效抑制煤的低温氧化活性，表现为氧化气体产物含量减少；[EMIm][BF$_4$]、[BMIm][BF$_4$]对煤中氢键都有普遍的破坏作用；对于含同样阳离子[BMIm]⁺的离子液体，功能化的[OTf]⁻阴离子对煤结构的影响要大于普通阴离子[BF$_4$]⁻和 Ac⁻。

目前关于离子液体影响煤氧化活性的研究结果还较少，而且选择不同的煤样后结果的变动性较大。尽管如此，离子液体对煤氧化活性的显著影响是毋庸置疑的。因此非常有必要对这一领域继续进行深入系统的研究，丰富离子液体在煤化学以及煤自燃领域的应用。

1.3 研究目标与研究内容

离子液体对煤氧化活性的影响效果显著。但到目前为止，不同离子液体类型对煤氧化活性影响的研究较少，可参考的资料也有限。这一领域尚处于起步阶段。为了更好地理解不同离子液体类型对煤氧化活性的影响，基于前期的研究成果，进一步选择了多种不同阴阳离子的咪唑类离子液体用于破坏煤活性结构的研究，包括应用广泛的普通型离子液体和具有特定官能团的功能型离子液体。首次将热稳定性更高的季𬘫盐类离子液体引入研究中，并与咪唑类离子液体进行了对比分析，为寻找最显著影响煤氧化活性的离子液体种类提供丰富的实验材料和理论参考。具体研究内容包括：

（1）基于热重、红外和拉曼光谱技术研究了褐煤、烟煤和无烟煤三种不同煤级煤的氧化特性和微观结构变化过程，揭示了不同煤级煤氧化活性差异的本质，为后续研究提供基础资料和分析基准。

（2）基于离子液体在煤化学领域的研究成果，选择了 9 种咪唑类离子液体用于对褐煤氧化活性的影响研究。通过热重分析、差热分析和红外光谱分析技术表征了不同离子液体处理煤样的氧化热失重特性和放热特性以及煤中官能团的变化过程，揭示了不同咪唑类离子液体对煤氧化活性的影响。

（3）基于季𬘫盐类离子液体更好的热稳定性特征，选择了 9 种季𬘫盐类离子液体用于对褐煤氧化活性的影响研究。利用热重分析、红外光谱、拉曼光谱和程序升温质谱技术表征了不同煤样的氧化热失重特性、微观有序碳结构变化、官能团变化以及氧化气体产物的变化，揭示了不同季𬘫盐类离子液体对煤氧化活性的影响。

（4）基于上述实验结果，选择了对褐煤氧化活性惰化作用效果最明显的 4 种离子液体作为抑制褐煤自燃氧化过程的阻化剂，利用热重分析和红外光谱分析技术研究了离子液体存在时煤氧化进程的变化以及离子液体与煤在氧化过程中的相互作用,揭示了离子液体阻化煤氧化进程的微观作用过程,并优选了目前作用效果最佳的离子液体。

(5) 分析研究了最优离子液体阻化剂的不同添加量对褐煤氧化进程的影响以及最优离子液体对烟煤和无烟煤两种其他煤级煤氧化进程的影响,利用热重分析技术证实了离子液体阻化作用的普适性。

第 2 章　不同煤级煤氧化特性研究

　　煤尤其是低煤级的煤在暴露于空气中时更易于自热甚至自燃,这一现象的根本原因是不同煤级煤微观化学结构的氧化反应性不同。一般而言,随着煤级增加,煤中芳香环缩合程度增大,桥键、侧链、官能团等逐渐减少,煤分子化学结构趋于稳定有序[166-167],煤的化学稳定性增强,相应的氧化反应活性减弱。

　　对煤微观化学结构的研究常借助于各种光谱分析技术,如红外光谱(Infra-Red spectroscopy,IR)、拉曼光谱(Raman)、电子顺磁共振光谱、X 射线衍射、核磁共振波谱、质谱等分析技术。其中红外光谱分析技术是表征煤中官能团的有效手段[9,76-85],对于分析不同煤中官能团的种类差异以及氧化过程中各类官能团的变化规律有重要作用。拉曼光谱与红外光谱一样,属于分子振动光谱。红外光谱是分子对光的吸收,拉曼光谱则是分子对光的散射。从基团振动角度看,红外活性与振动中的偶极矩变化有关,拉曼活性与振动中的极化率变化有关,因此,高度不对称的振动是红外活性的,高度对称的振动是拉曼活性的。一般有机化合物的分子振动介于两者之间,在两个光谱上都有反映,即一些强极性基团的不对称振动在红外光谱上有强吸收带,而一些非极性基团和骨架结构的对称振动则在拉曼光谱上有强吸收带。两者的相互配合更有助于确定基团和骨架结构信息。所以拉曼光谱与红外光谱俗称姊妹谱[168]。拉曼光谱能有效表征碳质材料的结构特征,提供关于有序碳结构的信息,因而也能够提供关于煤中微观有序无序结构的信息,目前在煤结构分析中有较多应用[169-170]。

　　本章将综合利用热重分析、拉曼光谱和红外光谱分析技术研究不同煤级煤的氧化热失重特性和微观化学结构变化规律,揭示不同煤级煤的氧化活性本质。其中对不同煤级煤的拉曼光谱信息分析及其与煤氧化反应性的关联分析,将为拉曼光谱技术在煤结构分析中的进一步应用提供实验依据。

2.1　实　验　部　分

2.1.1　实验材料

　　实验所用样品为三种不同煤级的煤样,分别归属于我国煤级分类标准中的褐煤、烟煤和无烟煤。其中,褐煤采自内蒙古锡林郭勒盟多伦县协鑫煤矿,烟煤采自山西中煤西沙河煤业集团,无烟煤采自山西晋城煤业集团。三种不同煤级的煤样的主要煤质指标如表 2-1 所示。

　　所有煤样均从工作面现场采集新鲜样品,密封包装后运至实验室冰箱保存,以最大限度地保持煤样的原有氧化特性。制样时,选取煤样内部块煤进行破碎筛分,获得粒度为 150～250 μm 的样品。然后利用真空干燥箱对样品颗粒进行室温真空干燥 24 h 后用于热重、红外和拉曼光谱分析测试。

表 2-1 煤样的主要煤质指标

样品	工业分析/%				氢含量/% H_{ad}	发热量 $Q_{net,ad}$ /(MJ/kg)
	水分 M_{ad}	灰分 A_{ad}	挥发分 V_{daf}	固定碳 FC_{ad}		
褐煤	17.75	20.86	36.22	25.16	3.85	21.18
烟煤	4.44	21.59	30.74	43.23	4.37	25.47
无烟煤	5.06	16.55	5.21	73.18	2.29	27.36

为了测试氧化过程中各煤样的官能团变化情况,制备了不同温度下的红外光谱测试用样品。样品制备的主要设备为水平管式加热炉(Carbolite MTF 1200 DegC 型),如图 2-1 所示。每次的样品重量均为 20 mg,空气流量为 100 cm³/min,升温速率为 5 ℃/min。分别从室温(20 ℃)升至 50 ℃、125 ℃、225 ℃、275 ℃、345 ℃、400 ℃、450 ℃、525 ℃、600 ℃、700 ℃以及 800 ℃。每次升温结束后将样品反应管取出并供以氮气保护,待样品温度降至室温后对其进行红外光谱测试。

图 2-1 Carbolite MTF 1200 DegC 型水平管式加热炉

2.1.2 测试方法

(1) 热重分析测试

热重分析测试仪器采用瑞士 Mettler Toldedo 公司的 TGA/DSC1 型热重分析仪,如图 2-2 所示。样品测试质量为 3~6 mg,干空气流量为 50 cm³/min。实验时分别在 5 ℃/min、10 ℃/min 的升温速率下由室温 20 ℃升至 800 ℃。实验数据结果利用 Origin 8 Pro 软件进行整理分析。

(2) 拉曼光谱测试

拉曼光谱测试仪器为英国 Perkin Elmer 公司的 Raman Station 400F 型拉曼散射光谱仪(PerkinElmer, UK),如图 2-3 所示。该仪器测试范围为 1 000~2 000 cm⁻¹,在 100 mW下运行,其激发的波长为 785 nm。该仪器扫描时间设为 5 s,扫描次数设为 5 次。样品光斑尺寸为 100 μm。为了确定光谱的代表性,每种煤样均采集了 7 次样品并进行光谱测试。每次实验得到的光谱都利用 Omnic 8.0 软件进行谱峰分峰处理。

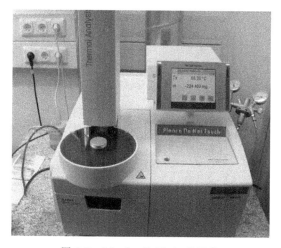

图 2-2　Mettler Toldedo 公司的
TGA/DSC1 型热重分析仪

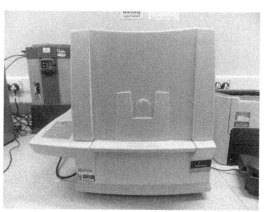

图 2-3　Perkin Elmer 公司的
Raman Station 400F 型拉曼光谱仪

（3）红外光谱测试

红外光谱测试仪器为英国 Perkin Elmer 仪器公司的 Spectrum 100 型傅立叶变换红外光谱仪，如图 2-4 所示。测试时，首先启动光谱采集软件，并设定该光谱仪的扫描波数范围为 3 800～650 cm^{-1}，扫描次数设为 8 次，光谱分辨率设为 8 cm^{-1}；然后进行背景扫描；最后将样品装入样品槽中，转动施压手柄压紧样品后进行光谱测试。光谱测试结果利用 Ominc 8.0 软件进行显示。

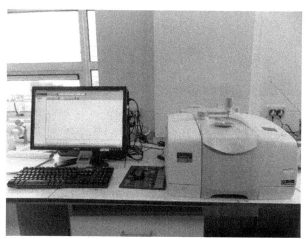

图 2-4　Perkin Elmer 公司的 Spectrum 100 型傅立叶变换红外光谱仪

2.2　不同煤级煤热重结果分析

图 2-5 显示了三种煤样在 5 ℃/min 和 10 ℃/min 两个升温速率下 25～800 ℃范围内的热重曲线，包括热失重曲线（Thermogravimetry，简称 TG）和热失重速率曲线（Differential thermogravimetry,简称 DTG)。由图 2-5 不难看出,不同煤级煤的热重曲线差别较大,尤其是低中温阶段的热重曲线变化更明显,如图 2-5(c)所示。

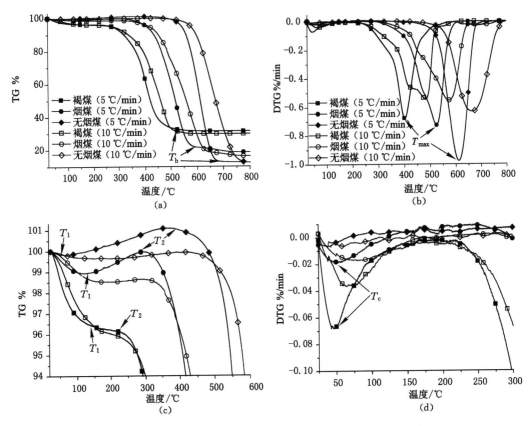

图 2-5　三种煤样在 5 ℃/min 和 10 ℃/min 条件下的热重曲线

(a) TG;(b) DTG

(c) 25~300 ℃ 范围内的 TG 结果;(d) 25~300 ℃ 范围内的 DTG 结果

根据图 2-5 中各煤样的热重曲线特征,可以将煤的整个氧化热失重过程分为四个阶段:$(25\sim T_1)$ ℃ 的初始重量下降段、$(T_1\sim T_2)$ ℃ 的缓慢氧化段、$(T_2\sim T_b)$ ℃ 的重量快速下降段以及 $T_b\sim800$ ℃ 的燃尽温度段。

以 5 ℃/min 升温速率下的热失重过程为例,三种煤样均先经历了一个快速的质量下降段。这些质量的损失主要源于煤中水分及原生气体等物质的散失。在该失重段内,褐煤和烟煤的 DTG 曲线出现了第一个波谷,对应温度约为 50 ℃,该温度点常被定义为临界温度 (T_c)[171]。低于临界温度时,煤的质量减少主要源于煤中毛细管水分的散失。这些水分的移除较容易,不存在能量壁垒[172]。高于临界温度后,DTG 的绝对值开始减小,表明热失重速率减缓,煤孔隙中的水分和原生气体释放速率减慢,同时煤表面吸附氧气的过程逐渐占据主导地位,进一步减缓了煤样质量下降的速度。这个过程一直持续到约 125 ℃,此时褐煤和烟煤的 DTG 值都几乎为零,说明煤氧化失重和吸氧增重过程呈动态平衡。无烟煤的初始重量下降段较短,其临界温度出现在 30 ℃ 附近,这与无烟煤中水分及原生气体含量较少有主要关系。无烟煤的 DTG 变化程度相对于褐煤和烟煤较平缓,说明了无烟煤低温氧化活性较弱。

三种煤样在经历了初始的快速失重段后出现了不同的缓慢氧化段。烟煤和无烟煤均表现为质量增加,褐煤则表现为质量继续缓慢减少。在这一阶段,煤表面开始大量化学吸附氧并生成不稳定的固态氧化物,同时这些固态氧化物又会发生不同程度的分解释放出气体产物[5,110,173]。各煤样的宏观质量表现趋势就是这两个过程综合作用的结果。不同煤级煤中的表面活性结构不同,因而不稳定固态氧化物出现的种类和数量也不同,导致了各煤样不同的宏观质量表现。褐煤在此阶段的质量变化缓慢且略有下降说明了褐煤表面氧化形成的不稳定固态氧化物更容易分解,最终使得氧化物的分解速率大于煤的吸氧速率而表现出样品重量下降。烟煤和无烟煤在此阶段出现约 1% 的重量增加,这一方面与煤表面氧化形成的含氧官能团中包含一部分稳定组分(如醚键、羰基、羧基等)能暂时存留在煤结构中有关,另一方面与煤丰富的物理孔隙结构对氧具有更好的吸附能力有关[5,187]。文献[174]利用扫描探针显微系统和 BET 技术测试了与作者所用煤样煤质指标非常接近的三种煤样的孔隙结构,发现褐煤的比表面积最小,烟煤次之而无烟煤的最大。因此,烟煤和无烟煤相对于褐煤更丰富的孔隙结构和比表面积更有利于对氧气的吸附,从而对煤样的重量增加有一定的贡献。三种煤样不同的氧化增重现象也再次证实了只根据煤的吸附增重能力来评价煤的氧化活性强弱是有局限性的,因为煤的物理结构差别对吸氧过程也有显著影响。三种煤样 $T_1 - T_2$ 阶段结束时的温度点各不相同。褐煤在 225 ℃ 后质量开始加速下降,烟煤的质量增加段持续到 300 ℃,无烟煤的则持续到约 370 ℃,表明随着煤级增高,煤的氧化稳定性增强。各煤样在该阶段的 DTG 曲线变化平缓,稳定在零值附近。

第三个阶段是煤样质量的快速下降段。T_2 被有关学者定义为着火温度[171]。从该温度点开始煤中的固态氧化物开始加速分解,煤与氧的直接氧化作用也逐渐占据主导地位,导致了煤样质量的急速下降。需要注意的是,着火温度 T_2 并不是样品的燃点或着火点,也即并不是煤的一个物理性质参数,因为实验过程中的样品质量、升温速率以及反应气氛等因素均对其有影响[174]。不过通过比较相同实验条件下这些温度值的变化可以用来分析比较不同煤样间氧化特性的差异。从图 2-5(a) 和 (b) 中可以明显看出,随着煤级增加,样品的快速失重段向高温方向移动,说明随着煤级增加煤的氧化稳定性增强。该失重段内,各煤样的热失重速率曲线也开始加速下降,并逐渐出现最大热失重速率峰。随着煤级增加,最大热失重速率峰出现的温度位置也向高温方向移动。不过最大热失重速率峰的峰值则随着煤级增加而增加,尤其是无烟煤的峰值约为褐煤的 1.3 倍,可见该阶段无烟煤中的反应速率更快,程度更激烈。在煤样质量的快速下降段,煤中的主要反应是煤中活性结构及芳香核与氧的直接作用以及芳香烃结构的热解反应,生成大量气体产物并放出热量。高煤级煤在此阶段的反应速率更快,这与煤中所含芳香结构更多也即碳含量更高有关。另外需要指出的是,样品在最大热失重速率峰值温度之前并没有开始真正意义上的燃烧。文献[91]观察了烟煤样品在 4 ℃/min 升温速率下被加热氧化到 400 ℃ 后所得样品的 SEM 图,发现煤样并未出现明显的燃烧迹象。因此该阶段实质上应分为 $(T_2 - T_{max})$ 的加速氧化段和 $(T_{max} - T_b)$ 的燃烧段。

最后一个阶段为燃尽温度段。各煤样中的有机组分已燃烧完全,残留下煤中黏土、氧化硅、碳酸盐、铝酸盐等矿物质氧化分解或热解后的残渣。从图 2-5(a) 可以看出,随着煤级增加,煤中残渣质量减少。这与各煤样中所含矿物质的种类和数量不同有关。

图 2-5 中也显示了 10 ℃/min 升温速率下各煤样的热重曲线变化。不难看出,在较高升温速率下,烟煤和无烟煤中的质量增加程度均明显减弱,而褐煤质量缓慢下降段的失重速率则有所加快。另外,10 ℃/min 升温速率下的快速失重段和最大热失重速率峰出现的位置也均比 5 ℃/min 时的温度位置要高。这些现象主要是在较高升温速率下煤的化学吸附时间更短以及煤样热滞后更严重所致。因此,热重实验过程尽量选择小的升温速率,以最大程度展示煤的氧化特性。

总体来看,三种煤样在氧化过程中的热失重特性各不相同。较低升温速率条件下的热重实验结果可以直观表征不同煤样间的氧化活性差异。褐煤的氧化活性最强,将作为后续分析的主要煤样。另外,褐煤氧化反应发生的温度范围主要为室温(20 ℃)~400 ℃,因此该温度段也将作为后续研究的主要范围。

2.3 不同煤级煤拉曼光谱结果分析

2.3.1 不同煤级煤的拉曼光谱特征

图 2-6 给出了三种煤样的 7 次拉曼光谱结果。由图 2-6 不难看出,各煤样 7 次结果的重复性较好,说明了实验结果的可靠性。

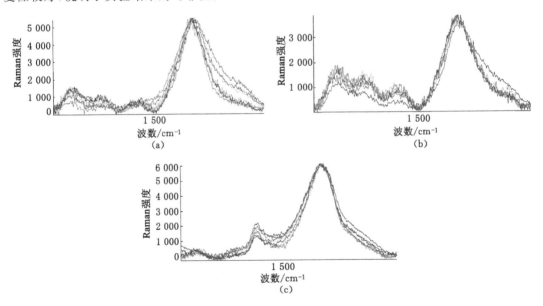

图 2-6 三种煤样的原始拉曼光谱图
(a) 褐煤;(b) 烟煤;(c) 无烟煤

在煤的拉曼光谱中,1 580 cm^{-1} 处的谱峰主要归属于石墨微晶结构芳香层中的 E_{2g} 对称伸缩振动模,称为石墨峰或 G 峰,主要源于无烟煤等高煤级煤中的石墨结构[175-176]。对于较低煤级的煤以及无序碳材料,则在 1 350 cm^{-1} 处多出一个谱峰,称为无序峰或缺陷峰,也称为 D 峰,归属于对称 A_{1g} 石墨晶格振动模,主要与缺陷结构有关,如微晶晶格中的取代杂原子、晶边界、空缺以及其他缺陷结构等[175-176]。因此,G 峰和 D 峰常被用来表征煤的结构有序性和煤化程度。

不过高度无序碳材料的 G 峰和 D 峰一般较宽且会相互重叠,因此,许多学者尝试对 G 峰与 D 峰间的重叠谱峰进行分峰处理。利用激发波长均为 514.5 nm 的不同显微拉曼光谱仪,Beyssac[177]、Sadezky[178]、Sheng[179] 等分别对多相碳质材料、炭黑以及煤焦结构进行了表征,发现除了常见的 1 580 cm^{-1} 附近的 G 峰外,还得到了 1 150 cm^{-1}、1 200 cm^{-1}、1 350 cm^{-1}、1 500 cm^{-1}/1 530 cm^{-1} 和 1 620 cm^{-1} 附近的谱峰,这些谱峰主要归属于有序度低的碳质材料和石墨微晶结构中不同类型的缺陷结构,包括有机分子、片段或官能团等。对于 1 620 cm^{-1} 处的谱峰,常以 G 峰的肩峰形式出现,且必须有 D 峰存在时才出现,其谱峰强度常随材料结构有序度的增加而减少[176-178,180]。Sonibare 等[181] 利用激发波长为 532.21 nm 的显微拉曼光谱仪对六种尼日利亚烟煤样品进行了拉曼光谱测试,并对 G 峰与 D 峰间的重叠谱峰进行了拟合,得到了位于 1 500 cm^{-1} 和 1 550 cm^{-1} 之间的一个谱峰,并将其归属于碳的无定形 sp^2 键合模式。Li 等[182] 利用激发波长为 1 064 nm 的傅里叶变换拉曼光谱仪对煤焦结构进行了测试,并将谱图拟合为 10 个谱峰;这 10 个谱峰被分为三类,分别为 G 峰、D 峰和 G~D 峰之间的三个分峰,分别位于 1 380 cm^{-1}、1 465 cm^{-1} 和 1 540cm^{-1} 处,归属于 3~5 元芳香环或具有 sp^2-sp^3 混合结构的亚甲基/甲基芳香环结构。

基于上述研究结果及 Li 等[182] 的谱峰分峰结果,利用 8 个谱峰对褐煤、烟煤和无烟煤的拉曼光谱进行了分峰拟合,如图 2-7 所示。

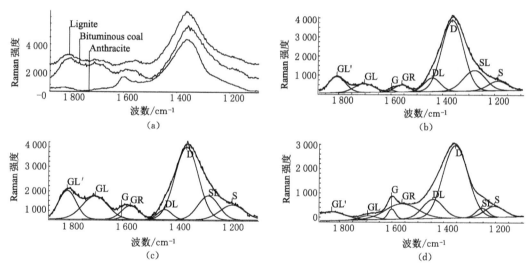

图 2-7　三种煤样的平均拉曼光谱图及各煤样的分峰拟合结果

(a) 三种煤样的光谱图;(b) 褐煤分峰拟合结果

(c) 烟煤分峰拟合结果;(d) 无烟煤分峰拟合结果

与 Li 等[182] 的煤焦拉曼光谱分峰结果比较,三种煤样的拉曼光谱在 1 800 cm^{-1} 左右处出现一个新谱峰,位于 GL 谱峰(1710 cm^{-1} 左右)的左侧。另一个不同之处是 D 峰与 G 峰之间拟合得到的分峰数目。Li 等[192] 得到了三个谱峰,但作者的拟合结果中只有两个谱峰。根据 Li 等[192] 的结果,作者也尝试了利用三个谱峰对 D 峰与 G 峰之间的重叠谱峰进行拟合,但统计结果显示并没有显著地改进,因此采用了最少的分峰数目(2 个)来拟合 D 峰与 G 峰间的重叠谱峰。从图 2-7 的拟合结果不难看出,利用 8 个高斯谱峰可以成功拟合三个不同煤级煤的拉曼光谱图。表 2-2 对煤的各拉曼谱峰的特征归属进行了汇总。

表 2-2   **煤的拉曼谱带特征归属**

谱带名称	谱峰位置/cm^{-1}	结构归属
GL′	1 810	含氧组分
GL	1 710	
G	1 600	石墨微晶芳香层结构的 E_{2g} 振动
GR	1 560	无定形碳结构中含两个及以上稠化苯环的芳香环系统
DL	1 440	无定形碳结构,如有机分子、片段及官能团结构
D	1 360	石墨微晶中的缺陷结构及中大型芳环系统(≥6)
SL	1 280	芳基—烷基醚键结构
S	1 190	sp^2—sp^3 碳结构,如 $C_{芳香}$—$C_{烷基}$、芳香/脂肪醚、氢化芳香环中的 C—C 结构以及芳香环上的 C—H 结构

从图 2-7(b)~(d)可以看出,褐煤和烟煤中的 G 峰强度相对于 D 峰非常弱,说明这两种煤的有序度较低,结晶度低。无烟煤的 G 峰非常明显,说明煤中高度碳结晶结构的存在。三种煤样的 GR 峰均比 G 峰的强度大,说明稠化苯环结构是煤中的主要芳香结构。褐煤和烟煤的 GL′ 和 GL 谱峰强度明显强于无烟煤,说明较低煤级煤中存在更多的含氧结构。而且,褐煤和烟煤的 S 和 SL 峰的强度相比于无烟煤也较高,揭示了低煤级煤中有相当数量的无定形碳结构存在。更详细的结果可以通过分析谱峰面积比值来得到,因为谱峰面积比值是谱峰强度和谱峰半峰宽的综合参数,因而对碳结构的变化更敏感[179]。分析时,G 和 GR 谱峰的值共同用来表示煤中的芳香环系统。S 和 SL 也加到一起因为二者都表示了与煤氧化性相关的碳结构缺陷。GL′ 和 GL 谱峰则共同表示煤中的含氧结构。这些组合起来的谱峰面积比值列于图 2-8 中。

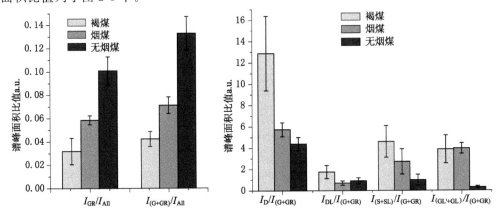

图 2-8   三种煤样的不同拉曼光谱谱峰面积比值
(误差条显示了各参数的标准偏差)

从图 2-8 可以看出,高煤级的煤具有更高的 I_{GR}/I_{All}、$I_{(G+GR)}/I_{All}$ 比值以及较低的 $I_D/I_{(G+GR)}$、$I_{DL}/I_{(G+GR)}$、$I_{(S+SL)}/I_{(G+GR)}$ 和 $I_{(GL+GL')}/I_{(G+GR)}$ 比值。这些变化揭示了在煤化过程

中随着煤级增加煤中有序碳结构的增多,碳微晶结构中的缺陷和不完善等无序结构减少,这些结果与 Nestler 等研究一系列煤级煤的结构演化得到的结果一致[183]。$I_D/I_{(G+GR)}$ 的值通常与煤中碳结构的微晶平面尺寸呈反比关系[181],因此 $I_D/I_{(G+GR)}$ 的减少意味着随着煤级增加煤中平均微晶尺寸的增加。另外,$I_{(S+SL)}/I_{(G+GR)}$ 的增加说明在煤化作用过程中无定形碳向结晶碳的转变。$I_{DL}/I_{(G+GR)}$ 在烟煤和无烟煤中相比于褐煤显著减少,说明这两种煤中无定形碳结构的显著减少。无烟煤中的 $I_{(GL+GL')}/I_{(G+GR)}$ 比值相比于褐煤和烟煤显著减少,说明无烟煤中含氧结构几乎消失。这些结果揭示了随着煤级增加,煤的有序度更高,因而表现出 $I_{(G+GR)}/I_{All}$ 比值的增加。这些结果与利用 XRD 研究煤结构与无定形碳含量、芳香度以及微晶尺寸间关系得到的结果一致[184]。因此,拉曼谱峰面积比值可以用来评价不同煤级煤的结构有序性,进而揭示不同煤级煤的化学反应活性差异,因为某些谱峰面积比值如 I_{GR}/I_{All}、$I_{(G+GR)}/I_{All}$、$I_{(S+SL)}/I_{(G+GR)}$ 等随着煤级增加呈规律性变化。

2.3.2　煤的拉曼光谱参数与煤氧化活性之间的关系

为了确定拉曼光谱参数与煤化学反应性之间的关系,基于相关研究[179]对煤焦氧化活性与拉曼光谱参数关系的研究,根据各煤样的 TG-DTG 曲线特征计算了两个反应性指标来表征煤的氧化反应性,分别为 20% 转化率时的温度($T_{20\%}$)和最大热失重速率峰出现的温度(T_{max}),如表 2-3 所示。

表 2-3　　　　　　　　　　不同煤级煤的氧化反应性指标值

指标/℃	加热速率/(℃/min)	褐煤	烟煤	无烟煤
$T_{20\%}$	5	342.83	458.00	574.92
	10	379.33	481.17	617.50
T_{max}	5	402.42	524.83	610.58
	10	481.17	573.17	665.17

将煤的拉曼光谱参数与这些反应性指标进行相关分析,得到图 2-9 中 $T_{20\%}$(5 ℃/min)、T_{max}(5 ℃/min)、$T_{20\%}$(10 ℃/min)、T_{max}(10 ℃/min)与 I_{GR}/I_{All}、$I_{(G+GR)}/I_{All}$、$I_{DAll}/I_{(G+GR)}$ 的关系图,其中 $I_{DAll}/I_{(G+GR)}$ 表示了煤中所有缺陷结构的总和,即 $I_D/I_{(G+GR)}$、$I_{DL}/I_{(G+GR)}$、$I_{(S+SL)}/I_{(G+GR)}$ 的总和。

从图 2-9 明显可以看出,反应性指标随着 I_{GR}/I_{All} 和 $I_{(G+GR)}/I_{All}$ 的增加而增加,随着 $I_{DAll}/I_{(G+GR)}$ 的减少而减小。更高的芳香环 G 和 GR 的谱峰面积以及更低的缺陷和无定形谱峰面积揭示了煤中微晶结构的有序性更高,因而煤的化学稳定性更强,相应的氧化活性减小,表现为反应性指标值更高。图 2-9 中也对这些数据进行了合理的线性拟合。很明显,4 个反应性指标与 I_{DAll}/I_{All} 的线性关系度普遍较高,R^2 的值在 0.921~0.999 之间,说明煤中缺陷结构的变化更能反映出煤的氧化反应性强弱。另外,5 ℃/min 升温速率下的 2 个反应性指标与 I_{DAll}/I_{All} 的线性关系度均要高于 10 ℃/min 时的结果,据此可见低升温速率更有利于煤中缺陷结构作用的发挥。对于 I_{GR}/I_{All} 和 $I_{(G+GR)}/I_{All}$ 这两个与煤中有序结构相关的拉曼谱峰参数值,4 个反应性指标与 I_{GR}/I_{All} 的线性关系度均要高于相应条件下与 $I_{(G+GR)}/I_{All}$ 的线性关系度,说明煤芳香主体结构中的稠环苯环结构更能反映出不同煤级煤

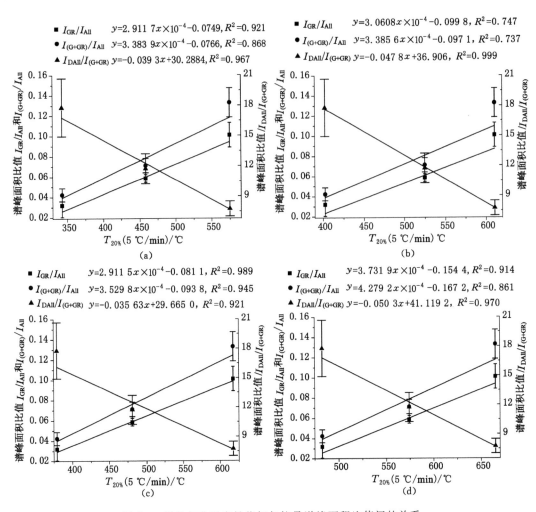

图 2-9　煤的氧化反应性指标与拉曼谱峰面积比值间的关系

氧化活性的高低。值得一提的是，5 ℃/min 升温速率下的 2 个反应性指标与 I_{GR}/I_{All}、$I_{(G+GR)}/I_{All}$ 的线性关系度均要低于 10 ℃/min 时的结果，这在一定程度上说明了高升温速率下煤中主体芳环有序结构的反应更强烈。在同一个升温速率下，$T_{20\%}$ 与 I_{GR}/I_{All}、$I_{(G+GR)}/I_{All}$ 的线性关系度要高于 T_{max}，说明转化率指标值更能反映出煤中有序结构的变化。另外，$T_{20\%}$ 与 I_{DAll}/I_{All} 的线性关系度反而要低于 T_{max}，这主要是因为煤的最大热失重速率峰温度 T_{max} 一般较转化率值更能客观有效的表征煤氧化活性的差异，这一特征使得 T_{max} 与煤中缺陷活性结构的关系要更密切，因而表现出 T_{max} 与 I_{DAll}/I_{All} 的相关性要大于 $T_{20\%}$。

综上，煤的拉曼光谱与煤的氧化反应性指标之间的关系揭示了拉曼光谱测试技术能够用来提供煤中碳结构有序性与煤氧化反应性之间的关联。通过比较分析拉曼谱峰面积比值 I_{GR}/I_{All}、$I_{(G+GR)}/I_{All}$ 和 $I_{DAll}/I_{(G+GR)}$ 的差别，可以提供不同氧化活性煤样间有序结构和缺陷结构的差异，进而揭示不同煤样间的微观结构差别。

2.4　不同煤级煤红外光谱结果分析

红外光谱是由分子中基团原子间振动跃迁时吸收红外光所产生的。不同的化学键或官能团吸收的红外光频率不同，因而在红外光谱上出现的位置也不同。常见官能团的红外光谱特征位置如图 2-10 所示[185]。整个红外光谱区可以进一步分为特征频率区（4 000～1 500 cm^{-1}）和指纹区（1 500～400 cm^{-1}）[186]。特征频率区内的峰是由基团的伸缩振动产生的；谱峰稀疏，特征性强，常用于鉴定官能团。指纹区内的谱峰除单键的伸缩振动外，还有变形振动、弯曲振动等产生的谱峰；谱峰多而复杂，且受到整个分子结构变化的影响，因而指纹区对于区别结构类似的化合物很有帮助，可以作为化合物存在某种基团的旁证。

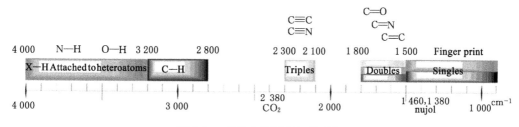

图 2-10　各类官能团的红外吸收

2.4.1　不同煤级煤的室温红外光谱结果分析

图 2-11 给出了三种不同煤级煤样的傅里叶变换红外光谱图（Fourier transform infrared spectra，FTIR）。图中对主要谱峰出现的位置及对应的官能团进行了标注（ν：伸缩振动；δ：弯曲振动）[77,84,166]。

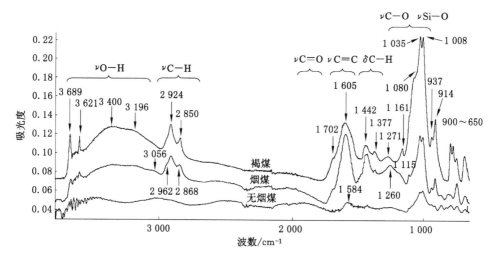

图 2-11　褐煤、烟煤和无烟煤的 FTIR 光谱图

从图 2-11 中可以看出，不同煤级煤的红外光谱图相差较大。随着煤级增加，煤中各官能团的谱峰强度、峰形、位置以及数量均有所变化。

$3\,800\sim3\,600\ \text{cm}^{-1}$ 范围内的尖峰主要归属于分子间和弱的 OH 键伸展振动,主要源于煤中硅酸盐、黏土矿物质以及高岭石中结晶水的存在[187]。不难看出,在此范围内,褐煤中的谱峰吸收最强,烟煤中的明显减弱,无烟煤中的则几乎消失,对应了各煤样中不同的矿物质含量。$3\,600\sim3\,100\ \text{cm}^{-1}$ 范围内的宽大峰归属于羟基缔合氢键,随着煤级增加,其谱峰强度呈减弱直至消失的趋势,说明氢键结构的减少,主要源于煤化过程中羟基等各类含氧官能团的减少[188]。煤中存在的氢键类型主要有 7 种[189]:OH—π 氢键、自缔合 OH—OH 氢键、OH—醚氢键、环状 OH 基团以及 OH—N 氢键。文献[188]指出在煤化过程中最稳定最顽固的羟基是酚羟基,因此烟煤中 $3\,600\sim3\,100\ \text{cm}^{-1}$ 范围内的羟基谱峰仍较明显。

$3\,056\ \text{cm}^{-1}$ 处的芳环 C—H 键在褐煤中未出现,在烟煤中有显现,在无烟煤中则出现了相对较宽大的谱峰,说明随着煤级增加,煤中芳香 C—H 键的增加。随着煤级增加,煤中的 O—取代基逐渐被碳取代,因而 C—取代基芳香碳含量持续增加。根据烟煤在 $1\,605\ \text{cm}^{-1}$ 附近芳环 C=C 键的强烈吸收可以确定烟煤中的芳香氢和芳香碳含量均明显高于褐煤的。无烟煤中相关的芳香结构谱峰出现在 $1\,584\ \text{cm}^{-1}$ 附近,接近于石墨结构的 C=C 特征峰位置,说明无烟煤中存在大量有序芳香碳微晶结构。

$3\,000\sim2\,800\ \text{cm}^{-1}$ 范围内的脂肪烃甲基—CH_3、亚甲基—CH_2 结构在无烟煤中消失,在褐煤和烟煤中较明显。另外,烟煤中的甲基—CH_3 谱峰($2\,962\ \text{cm}^{-1}$、$2\,868\ \text{cm}^{-1}$)较明显,说明相比于褐煤,烟煤中的—CH_3 含量相对较多。脂肪烃结构的弯曲振动峰出现在 $1\,442\ \text{cm}^{-1}$ 和 $1\,377\ \text{cm}^{-1}$ 附近,其变化趋势与 $3\,000\sim2\,800\ \text{cm}^{-1}$ 范围内的谱峰一致。

$1\,702\ \text{cm}^{-1}$ 处的肩峰归属于羰基 C=O 结构,其在褐煤和烟煤中均存在,在无烟煤中消失。烟煤中的谱峰相对于褐煤较明显,同时 $1\,605\ \text{cm}^{-1}$ 处的 C=C 谱峰相对变窄,这是由于烟煤中羰基官能团类型较少,所以 $1\,605\ \text{cm}^{-1}$ 谱峰左侧的谱峰减少,其与 $1\,605\ \text{cm}^{-1}$ 谱峰融合后的总体效果表现为 $1\,605\ \text{cm}^{-1}$ 谱峰的变窄。

$1\,300\sim1\,060\ \text{cm}^{-1}$ 范围内的醚键 C—O 吸收峰在褐煤和烟煤中有所差别。对于褐煤在 $1\,271\ \text{cm}^{-1}$、$1\,161\ \text{cm}^{-1}$ 附近出现芳香醚氧键,在 $1\,080\ \text{cm}^{-1}$ 附近出现脂肪醚氧键;而对于烟煤只在 $1\,300\sim1\,200\ \text{cm}^{-1}$ 范围内出现一个较宽大的醚键峰,其谱峰中心位于 $1\,260$ 附近,说明烟煤中的芳香醚键类型较少。另外,烟煤中的脂肪醚键峰位于 $1\,115\ \text{cm}^{-1}$ 附近,与褐煤的不同。这进一步说明了两种煤样中醚键结构的差异。文献[188]也指出随着煤级增加,醚键会发生断裂而损失。在无烟煤中无明显的醚键峰显现。

三种煤样中均出现了 $1\,031\ \text{cm}^{-1}$ 和 $1\,008\ \text{cm}^{-1}$ 处的矿物质 Si—O 醚键峰,不过其谱峰强度随着煤级升高而明显减弱,说明三种煤样中矿物质的含量不同。$937\ \text{cm}^{-1}$ 和 $914\ \text{cm}^{-1}$ 处的谱峰也与矿物质中的 O—H 结构有关,在三种煤样中均有出现。

$900\sim650\ \text{cm}^{-1}$ 范围内的取代苯类 C—H 结构在不同煤样中有不同显现。不同谱峰位置对应的取代芳烃类型分别为[166]:$870\ \text{cm}^{-1}$ 处的单取代芳烃、$810\ \text{cm}^{-1}$ 处的二取代芳烃、$790\ \text{cm}^{-1}$ 和 $770\ \text{cm}^{-1}$ 处的三取代芳烃、$750\ \text{cm}^{-1}$ 处的四取代芳烃以及 $690\ \text{cm}^{-1}$ 处的五取代芳烃。随着煤级升高,取代苯类的数量和种类均减少。

总体来说,随着煤级增加,煤中活性基团的变化主要是缔合羟基、—CH_2、—CH_3、C=O、C—O、矿物质以及取代苯类结构的减少,同时芳香 C=C 结构以及石墨碳微晶结构增加。此外,烟煤中的 C=O、C—O 类型也减少。各煤样微观分子结构中官能团的差异是引起各煤样氧化活性不同的主要原因。

2.4.2　不同煤级煤的升温红外光谱结果分析

为了分析不同煤级煤之间宏观热重特性差异的微观结构变化过程,图 2-12 显示了三种煤样在空气气氛中不同温度下的红外光谱图。图 2-12 中所有光谱均在同一刻度下显示。

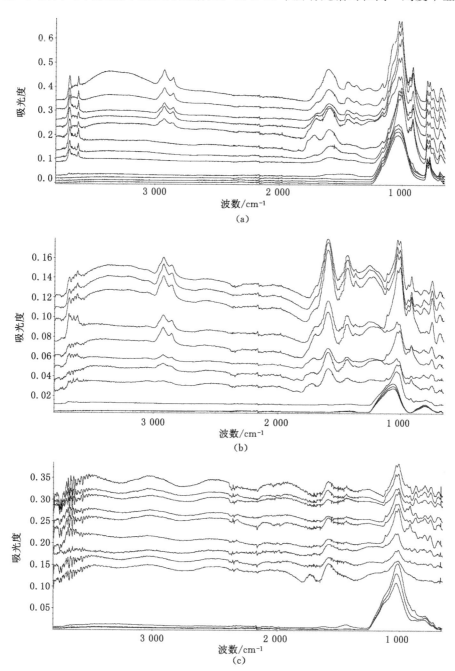

图 2-12　三种煤样在升温氧化过程不同温度时的 FTIR 谱图

(a) 褐煤;(b) 烟煤;(c) 无烟煤

根据图 2-12 可知,煤中各类官能团在氧化过程中均发生不同程度的变化,并最终消失,表现为各煤样中只残留谱峰中心位于 1 100 cm^{-1} 附近的残渣峰。褐煤和烟煤中的官能团种类较多,在氧化过程中变化较显著;其主要的变化发生在 3 000~2 800 cm^{-1} 范围内的脂肪烃结构以及 1 880~1 650 cm^{-1} 范围内的各类羰基结构。脂肪烃吸收区 3 000~2 800 cm^{-1} 的谱峰随着温度升高逐渐减小,而羰基吸收区 1 880~1 650 cm^{-1} 则先增加后减少。另外,指纹区内的脂肪烃弯曲振动峰(1 442 cm^{-1}、1 377 cm^{-1} 附近)与 3 000~2 800 cm^{-1} 范围内的伸缩振动峰变化类似。醚键结构则有增有减,在不同煤样中的变化趋势不同。矿物质谱峰和取代苯类结构变化也不同。

3 600~3 100 cm^{-1} 范围内的缔合羟基在褐煤中主要在 125 ℃ 以内减少,而在烟煤中则持续到 225 ℃ 才消失,说明褐煤中氢键活性更强,烟煤中氢键相对较稳定。3 000~2 800 cm^{-1} 范围内的脂肪烃结构随着温度升高持续减少,并在 345 ℃ 时从褐煤中消失,在 525 ℃ 时从烟煤中才消失,说明了烟煤中脂肪烃甲基、亚甲基结构更加稳定。

1 880~1 650 cm^{-1} 范围内的羰基结构在褐煤和烟煤中有类似的变化趋势。随着温度增加,1 702 cm^{-1} 处的醛/酮羰基结构增加。直至脂肪烃结构消失后,醛/酮羰基谱峰消失,1 718 cm^{-1} 处的羧酸类羰基谱峰更加明显,同时 1 772 cm^{-1} 处的酯羰基结构开始显著增加,1 843 cm^{-1} 处的酸酐结构(饱和 C=O 结构)也出现。各类羰基结构出现的源头主要是脂肪烃结构的氧化反应。随着温度升高,煤中脂肪烃类结构吸附氧气形成不稳定的过氧化物,并能进一步转化为醛或酮类化合物(1 702 cm^{-1})。醛基上的氧原子能被脂肪烃碳自由基、羟基自由基等夺取形成 C=O 自由基,同时醛/酮类化合物中的 C—H、C—脂肪烃键也能热解脱除 H/脂肪烃产生 C=O 自由基。C=O 自由基极易吸附氧气形成过氧酸。过氧酸能氧化醛/酮类化合物生成羧酸或酯类化合物(1 718 cm^{-1}、1 772 cm^{-1}),并随着氧化过程深入,进一步转化为活性较弱或活性丧失的官能团,如酸酐类化合物(1 843 cm^{-1})。据此可见煤中脂肪烃类和含氧类官能团与氧气的反应是最主要的氧化机理。烟煤中各类羰基出现的温度均比褐煤的延迟,这与烟煤中脂肪烃结构氧化反应性较稳定以及羰基种类较少有主要关系。在无烟煤中羰基变化简单,只有 1 730 cm^{-1} 附近的酯类羰基谱峰出现,说明无烟煤中含氧类基团更加单一。

另外一类含氧官能团是醚氧键。褐煤和烟煤中的醚氧键谱峰均较稳定,直至 345 ℃ 时才出现较明显的减弱并最终消失。值得注意的是,烟煤在 275 ℃、400 ℃ 时的醚键谱峰(1 260 cm^{-1})表现出较明显的加宽增强,说明烟煤中有新的醚键结构生成,源于煤中不稳定羰基结构的进一步氧化。

煤中芳烃结构的变化较规律。三种煤样的芳环 C=C 键在氧化初期较稳定,直至各类羰基结构开始转化发展时,C=C 键谱峰开始明显减弱,说明煤中芳环主体结构的反应开始加剧,最终完全反应,C=C 谱峰消失。

1 300~1 060 cm^{-1} 范围内的矿物质谱峰以及 900~650 cm^{-1} 范围内的取代苯类在褐煤中一直很稳定,到 525 ℃ 时几乎全部消失。其中 800 cm^{-1}、780 cm^{-1} 处的谱峰在整个氧化过程中一直很稳定甚至在煤样氧化燃烧结束后仍明显存在,因此可将这两处谱峰作为分析基准对褐煤光谱进行比较分析。烟煤和无烟煤中的矿物质谱峰和取代苯类总体呈减弱趋势,并最终消失。对于烟煤中的矿物质谱峰在 275 ℃、400 ℃ 时显著减弱的现象,主要是由于该范围内除了矿物质醚键峰外还同时存在其他 C—O 醚键结构,谱峰的减弱与这些 C—O

醚键结构因参与反应而减少有主要关系。

综上所述,不同煤级煤在氧化过程中的官能团变化有不同表现。褐煤和烟煤中的官能团种类较多,在氧化过程中共同表现为缔合羟基和脂肪烃结构的减少以及各类羰基结构的增加转化。这些变化过程在褐煤中出现的温度均要低于烟煤的,揭示了褐煤高氧化活性的微观本质。褐煤和烟煤中的醚键结构在氧化初期的稳定性也较强。另外,三种煤样中的芳环 C═C 结构和取代苯类结构在氧化过程中的变化较规律,随着各类羰基结构的发展转化开始参与反应并逐渐减少直至消失。

2.5　本 章 小 结

本章利用热重分析法、拉曼光谱技术和红外光谱分析技术系统分析了褐煤、烟煤和无烟煤三种不同煤级煤的氧化热失重特性差异及其微观结构变化过程。

(1) 三种煤样在氧化过程中的热失重特性各不相同。较低升温速率条件下的热重实验结果可以直观表征不同煤样的氧化活性差异。基于热重实验结果选定了褐煤为主要研究对象,室温(20 ℃)~400 ℃范围为主要研究温度范围。

(2) 三种煤样的拉曼光谱结果显示高煤级煤具有较高的 I_{GR}/I_{All}、$I_{(G+GR)}/I_{All}$ 值以及较低的 $I_D/I_{(G+GR)}$、$I_{DL}/I_{(G+GR)}$、$I_{(S+SL)}/I_{(G+GR)}$ 和 $I_{(GL+GL')}/I_{(G+GR)}$,揭示了煤结构有序度的增加以及反应活性点和含氧结构的减少。通过对煤氧化反应性指标与拉曼谱峰面积比值的关联分析,证实了拉曼光谱可以用于表征具有不同氧化活性煤的结构特征差异。

(3) 三种煤样的红外光谱结果揭示了不同煤级煤表面官能团的种类和含量差异。随着煤级增加,煤中缔合羟基、—CH$_2$、—CH$_3$、C═O、C—O、矿物质以及取代苯类结构减少,芳香 C═C 结构以及石墨碳微晶结构增加。在氧化过程中,褐煤和烟煤中官能团的共同表现为缔合羟基和脂肪烃结构的减少以及各类羰基结构的增加和转化。不过这些变化过程在褐煤中出现的温度均要低于烟煤的,揭示了褐煤高氧化活性的本质原因。

第3章　咪唑类离子液体影响煤氧化特性研究

离子液体作为新型的绿色溶剂,因其优良的物理化学特性近年来在煤化学领域备受关注。目前,离子液体主要用于溶解预处理各种煤样及其衍生物,以提高煤液化产率以及萃取煤液化残渣中的有价值化合物,效果非常优良[40-58]。蒋曙光、王兰云等基于离子液体对有机物、高聚物等的优良溶解性能,初步尝试了利用离子液体溶解或破坏煤中易氧化活性结构的研究,以减弱或抑制煤的氧化能力[59-61];其相关研究结果发现[60],阴离子为$[BF_4]^-$和Ac^-的离子液体对煤中官能团的破坏能力较强。基于此,本章进一步选择了阴离子为$[BF_4]^-$和Ac^-的一系列咪唑类离子液体(包括研究广泛的普通型离子液体和功能化离子液体)对褐煤进行处理,深入分析不同离子液体类型对煤氧化特性的影响。

3.1　实验部分

3.1.1　实验材料

实验所用煤样为最易自燃的褐煤,其主要煤质指标如表2-1所示。

实验所用离子液体样品有9种,分别为$[EMIm][BF_4]$、$[EMIm]Ac$、$[BMIm][BF_4]$、$[BMIm]Ac$、$[AMIm][BF_4]$、$[HOEtMIm][BF_4]$、$[HOEtMIm][NTf_2]$、$[AOEMIm][BF_4]$和$[EOMIm][BF_4]$,均购自中国科学研究院兰州化学物理研究所。这些离子液体的化学名称如表3-1所示,其相关的物理性质参数如表3-2所示。与所用离子液体相关的阴阳离子化学结构图及其简式如图3-1所示。所有离子液体均直接用于实验测试。

表 3-1　　　　　　　　实验用咪唑类离子液体的化学名称

离子液体	化学名称	分子式
$[EMIm][BF_4]$	1-乙基-3-甲基咪唑四氟硼酸盐	$C_6H_{11}N_2BF_4$
$[EMIm]Ac$	1-乙基-3-甲基咪唑醋酸盐	$C_8H_{14}N_2O_2$
$[BMIm][BF_4]$	1-丁基-3-甲基咪唑四氟硼酸盐	$C_8H_{15}N_2BF_4$
$[BMIm]Ac$	1-丁基-3-甲基咪唑醋酸盐	$C_{10}H_{18}N_2O_2$
$[AMIm][BF_4]$	功能化1-烯丙基-3-甲基咪唑四氟硼酸盐	$C_7H_{11}N_2BF_4$
$[HOEtMIm][BF_4]$	功能化1-羟乙基-3-甲基咪唑四氟硼酸盐	$C_6H_{11}ON_2BF_4$
$[HOEtMIm][NTf_2]$	双功能化1-羟乙基-3-甲基咪唑双(三氟甲基磺酰基)酰胺盐	$C8H11O5N3S2F6$
$[AOEMIm][BF_4]$	功能化1-乙酸乙酯基-3-甲基咪唑四氟硼酸盐	$C_8H_{13}N_2O_2BF_4$
$[EOMIm][BF_4]$	功能化1-乙基甲基醚-3-甲基咪唑四氟硼酸盐	$C_7H_{13}N_2OBF_4$

表 3-2　　　　　　　　　实验用咪唑类离子液体的部分物理性质参数

离子液体	纯度/%	密度/(g/cm^3)	黏度/(mPa·s)	熔点/℃
[EMIm][BF$_4$]	99	1.29	45	15
[EMIm]Ac	99	1.03	91	−45
[BMIm][BF$_4$]	99	1.21	192	−71
[BMIm]Ac	98	1.06	97	−20
[AMIm][BF$_4$]	99	/	/	−81
[HOEtMIm][BF$_4$]	99	1.33	/	/
[HOEtMIm][NTf$_2$]	97	/	/	/
[AOEMIm][BF$_4$]	98	/	/	/
[EOMIm][BF$_4$]	98	/	/	/

注:离子液体的性质与纯度密切相关。因此到目前为止,只有部分可查测试数据,仅供参考。

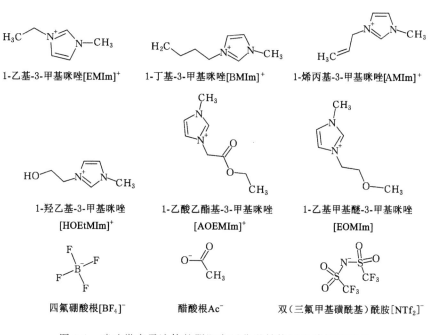

图 3-1　咪唑类离子液体的阴阳离子化学结构图及其结构简式

原煤样制备:将新鲜煤块粉碎、研磨并进行筛分,获取粒径为 $150\sim250~\mu m$ 的样品,然后利用真空干燥箱对样品颗粒进行室温真空干燥 24 h 后于棕色磨口瓶内密封保存备用。

离子液体处理煤样的制备:将煤样与 9 种离子液体按 1:2 的比例分别充分混合,50 ℃气浴条件下密封静置 8 h 后,用蒸馏水反复冲洗煤样至滤液显示中性,然后在 27 ℃条件下真空干燥 48 h 后得到 IL 处理煤(IL-tc)。采用同样的制备过程制备了蒸馏水洗原煤样品作为对比煤样(IL-untc)。该煤样与 9 种离子液体处理煤样用于热重分析测试和红外光谱测试。

不同温度下红外光谱测试用样品的制备:所用设备为自行研制的程序升温氧化实验系

统,其系统装置如图 3-2 所示,其实物图如图 3-3 所示。实验系统的控温方式主要有三种:
① 恒温:通过 PLC 程序设定高低温实验箱箱温不变,控温精度为±0.1 ℃;② 程序升温:按
照设定的温度程序对实验箱温进行自动升温,升温速率范围为 0～20 ℃/min;③ 跟踪控制:
实验箱温始终跟随煤样罐内的温度变化。

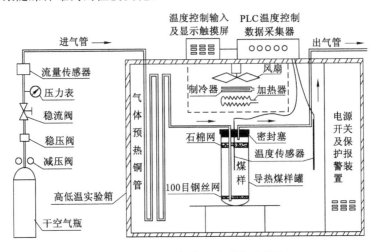

图 3-2　程序升温氧化实验系统示意图

图 3-3　高低温可控程序升温箱

　　利用程序升温氧化实验系统制备了 110 ℃和 180 ℃条件下的红外光谱测试用样品。该
系统的升温速率为 0.5 ℃/min,进气流量为 50 mL/min。氧化处理时分别将 0.1 g 样品从
室温升至 110 ℃后在氮气保护下降至室温,密封保存得到 110 ℃的样品。采用同样实验过
程从同种原样品中再取出 0.1 g 样品从室温升至 180 ℃,然后在氮气保护下降至室温,密封
保存得到 180 ℃的样品。

3.1.2　测试方法

（1）热重分析测试

　　测试仪器为华中科技大学分析测试中心的热重/差热（TG/DTA）综合热分析仪。该仪
器型号为铂金-埃尔默仪器（上海）有限公司的 Diamond TG/DTA 6300 型,如图 3-4 所示。
样品质量约为 50 mg,升温速率为 5 ℃/min,升温范围为 30～400 ℃。采用较低升温速率的

目的是消除样品的热滞后现象。

图 3-4 TG/DTA 型综合热分析仪

（2）红外光谱测试

红外光谱实验共测试了未处理煤和 9 个离子液体处理煤在室温、110 ℃和 180 ℃三个温度下的红外光谱图，共得到 30 个光谱图。实验仪器为中国矿业大学现代分析与计算中心的 Bruker VERTEX 80v 与 HYPERION 2000 红外显微系统，如图 3-5 所示。测试样品质量为 0.1 g。测试光谱范围为 3 800～650 cm^{-1}。所测光谱为原位漫反射红外光谱。

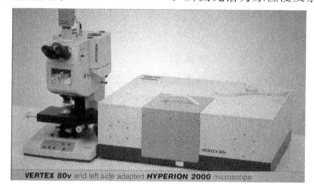

图 3-5 Bruker VERTEX 80v 与 HYPERION 2000 红外显微系统

3.2 离子液体处理煤的热重结果分析

图 3-6 显示了 9 种离子液体处理煤与原煤在 30～400 ℃范围内的热重实验结果。由图 3-6 可以看出，所有煤样的热失重曲线变化趋势相似，但是失重量出现差别，主要表现为离子液体处理煤的失重量均小于原煤的失重量。

根据图 3-6 中所有煤样的热重曲线变化趋势，可将整个失重过程分为以下三段。

（1）30～125 ℃的初始失重段，主要由煤中水分和原生气体等的散失引起。各离子液体处理煤在此温度段的失重均明显小于原煤的，这与离子液体对煤物理孔隙结构有所破坏，使得煤中水分在样品处理及干燥过程中提前散失有关，因而不同离子液体处理后煤中水分含量不同，导致初始失重段各煤样的失重程度不同。失重微观过程是由于煤中不仅含有自

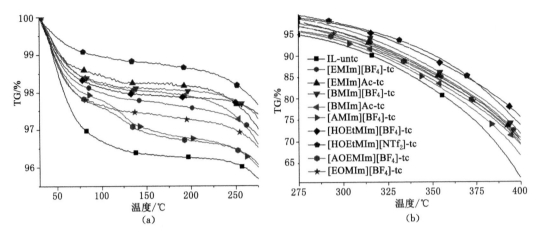

图 3-6　咪唑类离子液体处理煤与未处理煤的热失重结果

(a) 30～275 ℃；(b) 275～400 ℃

(注："tc"代表"处理煤"，"untc"代表"未处理煤"，后面的图表中均使用该缩写)

由水，还有氢键结合水[185]。离子液体能破坏水分子与煤中亲水基团间的氢键，使得更多水分子与离子液体作用，在洗涤干燥过程中被除掉。此温度范围内，[HOEtMIm][NTf₂]处理煤的失重量最少，可见该离子液体对煤中氢键结合水的破坏作用最强。

(2) 125～250 ℃的缓慢失重段，也是煤样的氧化活性段。煤样与氧气发生物理化学吸附作用，并伴随化学反应的进行，使得煤样在散失煤中水分及原生气体等的同时吸附氧气，并与氧气作用生成固态氧化物存留在煤体中。吸附过程与化学反应过程的综合结果使得该段的失重量变化缓慢。煤中的活性结构在此温度段也被不断活化，反应活性提高。在该温度范围内[EMIm]Ac、[BMIm]Ac 处理煤的缓慢失重过程提前结束，约在 225 ℃开始失重程度加快，表明这两种煤样的氧化活性相比其他处理煤更活跃。

(3) 250～400 ℃的快速失重段，属于煤的主要氧化反应段。煤中活性结构开始加速反应，并生成气体产物，最终表现为煤重的快速下降。各离子液体处理煤样的失重程度均不同程度的小于未处理煤的。

为了比较不同煤样间氧化特性的差异以及消除煤中水分的影响，选取了氧化段 125～400 ℃范围内的失重百分比 $[W_{(125\sim400\ ℃)}]$ 作为指标值来衡量不同煤样间的氧化活性强弱。$W_{(125\sim400\ ℃)} = (W_{125\ ℃} - W_{400\ ℃})/W_{125\ ℃} \times 100\%$，其结果见表 3-3。

表 3-3　　　　　　　　咪唑类离子液体处理煤与未处理煤的 $W_{(125\sim400\ ℃)}$

煤样	$W_{(125\sim400\ ℃)}/\%$	煤样	$W_{(125\sim400\ ℃)}/\%$
IL-untc	37.34	[EMIm][BF₄]-tc	29.76
[HOEtMIm][BF₄]-tc	24.85	[MOEMIm][BF₄]-tc	30.45
[HOEtMIm][NTf₂]-tc	28.39	[EMIm]Ac-tc	30.72
[BMIm][BF₄]-tc	29.04	[BMIm]Ac-tc	31.57
[AOEMIm][BF₄]-tc	29.43	[AMIm][BF₄]-tc	32.98

从表 3-3 不难看出,离子液体处理均不同程度减少了样品在 125～400 ℃范围内的失重量,其中失重量减少程度最大的两种煤样是[HOEtMIm][BF$_4$]和[HOEtMIm][NTf$_2$]处理煤,其在 125～400 ℃范围内的失重量分别从未处理煤的 37.34%减少到了 24.85 和 28.39%,减少百分比为 33.45%和 23.96%。效果最差的是[AMIm][BF$_4$]处理煤,不过相对于未处理煤,其失重程度仍有所减弱。

表 3-4 比较了不同阴阳离子条件时,离子液体处理煤在 125～400 ℃范围内的失重量相对于未处理煤在此温度范围内失重量的减少百分比[$\triangle W_{(125～400 ℃)}$]。$\triangle W_{(125～400 ℃)} = [W_{(125～400 ℃)IL-tc} - W_{(125～400 ℃)IL-untc}]/W_{(125～400 ℃)IL-untc}) \times 100\%$。不难看出,对于同种阳离子而言,[BF$_4$]$^-$的作用效果要强于 Ac$^-$ 和[NTf$_2$]$^-$的。对于同种阴离子[BF$_4$]$^-$而言,含羟基的阳离子[HOEtMIm]$^+$的效果最强,其作用效果强于含羰基官能团的[AOEMIm]$^+$和含醚键官能团的[MOEMIm]$^+$。对于阴离子 Ac$^-$ 而言,含较短烷基链的[EMIm]$^+$的效果略强于含较长烷基链的[BMIm]$^+$的效果。

表 3-4　　　　　　　　　　　咪唑类离子液体处理煤的$\triangle W_{(125～400 ℃)}$

煤样	[BF$_4$]$^-$	Ac$^-$	[NTf$_2$]$^-$
[HOEtMIm]$^+$	−33.45		−23.96
[BMIm]$^+$	−22.24	−15.47	
[AOEMIm]$^+$	−21.19		
[EMIm]$^+$	−20.30	−17.73	
[MOEMIm]$^+$	−18.46		
[AMIm]$^+$	−11.67		

图 3-7 显示了所有煤样的热失重速率曲线,在一定程度上反映了各煤样氧化反应速率的快慢。所有离子液体处理煤在 30～100 ℃范围内的失重速率值均小于未处理煤的,说明了离子液体处理煤中水分和原生气体散失的速率较慢。在 100～150 ℃范围内[AMIm][BF$_4$]处理煤、[AOEMIm][BF$_4$]处理煤均出现了一个小的失重速率峰,对应于图 3-6(a)中两煤样在该温度范围内明显的失重加速下降波动,预示了煤中有短暂的加速反应存在。随着温度进一步升高,各煤样的热失重速率曲线变化趋势类似。在实验结束温度 400 ℃时,各离子液体处理煤样的失重速率值均不同程度的小于未处理煤的。表 3-5 给出了这些煤样在400 ℃时的热失重速率值。

从表 3-5 可以看出,离子液体处理均明显减小了煤样在 400 ℃时的热失重速率值,说明离子液体处理煤样氧化反应速率的减小。其中[HOEtMIm][BF$_4$]和[HOEtMIm][NTf$_2$]处理煤仍是减弱程度最大的两种煤样,[AMIm][BF$_4$]处理煤的减弱程度仍为最小。这一结果与热失重结果一致。所以根据热重实验结果可以初步判断离子液体[HOEtMIm][BF$_4$]、[HOEtMIm][NTf$_2$]是减弱煤氧化活性最强的两种离子液体。

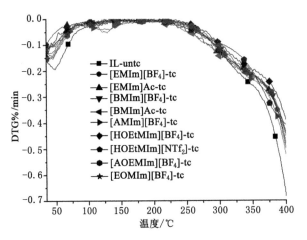

图 3-7　咪唑类离子液体处理煤与未处理煤的热失重速率结果

表 3-5　　　　咪唑类离子液体处理煤与未处理煤在 400 ℃时失重速率值

煤样	DTG/(%/min)	煤样	DTG/(%/min)
IL-untc	-0.70	[BMIm][BF$_4$]-tc	-0.46
[HOEtMIm][BF$_4$]-tc	-0.39	[EOMIm][BF$_4$]-tc	-0.48
[HOEtMIm][NTf$_2$]-tc	-0.41	[EMIm][BF$_4$]-tc	-0.48
[AOEMIm][BF$_4$]-tc	-0.44	[EMIm]Ac-tc	-0.51
[BMIm]Ac-tc	-0.45	[AMIm][BF$_4$]-tc	-0.53

3.3　离子液体处理煤差热结果分析

图 3-8 显示了所有煤样的 DTA 结果,图中的纵坐标单位为热电偶传感器的温差热电势信号。DTA 是差热分析法(Differential Thermal Analysis)的简称。该方法以某种在一定实验温度下不发生任何化学反应和物理变化的稳定物质(参比物)与等量的实验物质在相同环境中等速变温的情况下相比较,实验物质的任何化学和物理上的变化,与和它处于同一环境中的参比物的温度相比较,都要出现暂时的增高或降低。湿度降低表现为吸热反应,湿度增高表现为放热反应。

从图 3-8 可以看出,所有煤样的 DTA 曲线值均大于零,说明所有煤样从实验温度(30 ℃)开始即进入放热阶段,且随着温度升高,放热量逐渐增大,并在 325 ℃附近出现峰值。随后放热量开始减小,并表现为波谷后转入快速放热阶段。氧化过程中煤 DTA 曲线的这一波动现象与 Bnerjee[190]、战婧[91]等报道的曲线趋势一致。波谷的出现是由于煤中氧化产物的热解吸热量抵消了氧化反应放热所致[91]。波谷温度之后,煤样 DTA 值继续增大,表明煤中另一类氧化放热反应的参与。从图 3-8 中可以明显看出,离子液体处理煤的波谷温度相对于未处理煤的均明显向高温方向移动,说明离子液体处理延迟了煤的氧化进程,使得煤中结构参与氧化放热反应的开始温度点被提高。表 3-6 列出了各煤样波谷处的温度值、波谷处的 DTA 值以及实验结束时(400 ℃)的 DTA 值。

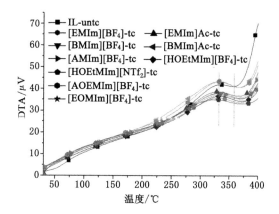

图 3-8　咪唑类离子液体处理煤与未处理煤的差热分析法结果

表 3-6　咪唑类离子液体处理煤与未处理煤的波谷温度及 DTA 值以及 400 ℃时的 DTA 值

煤样	波谷温度/℃	波谷处的 DTA 值/μV	400℃时的 DTA 值/μV
IL-untc	355.73	41.31	70.98
$[HOEtMIm][NTf_2]$-tc	372.83	33.23	35.90
$[HOEtMIm][BF_4]$-tc	371.16	34.44	39.84
$[BMIm][BF_4]$-tc	369.73	35.74	43.72
$[EMIm][BF_4]$-tc	367.87	33.89	42.17
$[EOMIm][BF_4]$-tc	367.78	35.49	43.63
$[EMIm]Ac$-tc	367.12	36.80	48.19
$[AOEMIm][BF_4]$-tc	366.61	40.89	51.93
$[AMIm][BF_4]$-tc	365.58	36.02	46.38
$[BMIm]Ac$-tc	365.49	40.89	53.92

从表 3-6 可以看出,离子液体处理后煤样的波谷温度均被不同程度的提高,提高范围在 10~17 ℃之间。波谷温度处的 DTA 值以及 400 ℃时的 DTA 值也均在离子液体处理煤中减小。$[HOEtMIm][NTf_2]$处理煤、$[HOEtMIm][BF_4]$处理煤是波谷温度提高程度最大的两种煤样,且此时对应的 DTA 值均较小。除了$[HOEtMIm][NTf_2]$处理煤的 DTA 值最小外,$[EMIm][BF_4]$处理煤是另一个最小的煤样。虽然$[EMIm][BF_4]$处理煤放热速率较小,但是相对于$[HOEtMIm][NTf_2]$处理煤而言,波谷温度较低,说明煤结构的氧化活性仍较高,相对而言,提前参与了反应,因而总体的结果表现为热失重量仍然较大。据此可见只有既能同时降低样品放热反应速率又能延迟样品氧化过程的离子液体才能达到最佳的减弱煤氧化活性的效果,如$[HOEtMIm][NTf_2]$。

3.4 离子液体处理煤红外光谱结果分析

3.4.1 离子液体处理煤的室温红外光谱结果分析

离子液体影响煤氧化热重及放热特性的根本原因是离子液体对煤微观活性结构的影响。对于氧化活性较强的褐煤，煤中含有大量的脂肪烃类和含氧类官能团。在氧化过程中，羟基缔合氢键、脂肪烃类官能团随温度的升高逐渐减少，各类羰基结构则先增加后减少，醚键结构也有一定程度的减少。因此，离子液体对煤氧化活性的影响主要是通过对这些活性基团的影响实现的。图 3-9 显示了室温下未处理煤和离子液体处理煤的红外光谱图。所有光谱均在同一刻度下显示。

从图 3-9 可以看出，离子液体处理后煤的红外光谱峰形基本不变，各类主要官能团均有出现，说明离子液体处理并未改变煤的主要结构。但某些谱峰的吸收强度发生了变化，较显著的是 $3\,600\sim3\,100$ cm^{-1} 范围内的羟基缔合氢键谱峰、$1\,702$ cm^{-1} 处的羰基谱峰以及 $1\,270$ cm^{-1} 处的醚键谱峰。

褐煤中的氢键谱峰中心位于 $3\,420$ cm^{-1} 附近，主要归属于煤中的 OH 自缔合氢键和 OH$\cdots\pi$ 氢键。以 $3\,000\sim2\,800$ cm^{-1} 范围内的脂肪烃结构为参考基准，离子液体处理煤中 $3\,600\sim3\,100$ cm^{-1} 范围内的氢键谱峰强度相比于未处理煤均显著减小。图 3-9(a)中的 4 个普通离子液体处理煤中，[BMIm][BF$_4$]处理煤、[BMIm]Ac 处理煤中的氢键谱峰强度比 [EMIm][BF$_4$]、[EMIm]Ac 处理煤中的氢键谱峰减弱程度更大，说明[BMIm]$^+$破坏煤中氢键的能力要强于[EMIm]$^+$。对于同种阳离子，含 Ac$^-$离子液体的氢键谱峰强度更低，这是因为 Ac$^-$在本质上是碱性的，能与羟基基团强烈的形成氢键[160]，从而破坏煤中本身的氢键。对称的阴离子[BF$_4$]$^-$与羟基基团的相互作用较弱[160]。总体来看，[BMIm]Ac 处理煤中的氢键谱峰强度降低程度最大。另外，该处理煤中还出现了 $3\,145$ cm^{-1} 处的新氢键谱峰，主要归属于 OH$\cdots$N 形成的氢键，源于离子液体咪唑环中的 $=$N$-$H 反对称伸缩振动（$3\,134$ cm^{-1} 左右）峰[191]，表明处理煤中有部分残留离子液体的存在。另外，该离子液体处理煤在 $1\,570$ cm^{-1} 处的明显肩峰也应归属于残留离子液体咪唑环上的 N$-$H 剪切弯曲振动（$1\,570$ cm^{-1}）[191]，证实了该离子液体的残留。可见[BMIm]Ac 与煤的相互作用较强，在蒸馏水洗涤过程中不易被完全除去。图 3-9(b)中 5 个功能化离子液体处理煤中的氢键谱峰强度也都显著降低，除了[HOEtMIm][BF$_4$]处理煤的氢键谱峰强度仍大于脂肪烃的谱峰强度外，其余 4 种处理煤的氢键谱峰强度均低于脂肪烃的谱峰强度，其中[HOEtMIm][NTf$_2$]处理煤的氢键谱峰强度降低程度最大，说明[NTf$_2$]$^-$阴离子对氢键的破坏作用要强于[BF$_4$]$^-$的。这与[NTf$_2$]$^-$阴离子极性更强有关。

综合所有离子液体对煤中氢键的破坏可知：① [HOEtMIm][NTf$_2$]和[BMIm]Ac 对煤中氢键的破坏作用最明显，氢键的减少有利于减弱煤的低温氧化活性，但二者在热失重和差热实验验中的宏观表现却有很大不同，其中[HOEtMIm][NTf$_2$]处理煤的热失重和放热量均最小，表现为氧化活性最弱，而[BMIm]Ac 处理煤的热失重较大且放热量也较明显，这与[BMIm]Ac 离子液体在处理煤中的残留有主要关系。残留离子液体可能促进了煤的氧化过程。② [BMIm]$^+$破坏煤中氢键的能力要大于[EMIm]$^+$的，这与[BMIm]$^+$对煤中各类

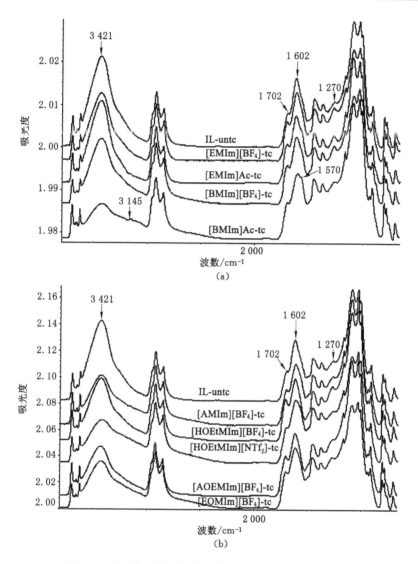

图 3-9　咪唑类离子液体处理煤与未处理煤的 FTIR 谱图

(a) IL-untc、[EMIm][BF$_4$]-tc、[EMIm]Ac-tc、[BMIm][BF$_4$]-tc、[BMIm]Ac-tc 的 FTIR 谱图；

(b) IL-untc、[AMIm][BF$_4$]-tc、[HOEtMIm][BF$_4$]-tc、[HOEtMIm][NTf$_2$]-tc、

[AOEMIm][BF$_4$]-tc、[EOMIm][BF$_4$]-tc 的 FTIR 谱图

氢键均有显著破坏作用有主要关系[48]。另外,较长烷基链能产生更高的空间体积和空间位阻,预示着离子液体能在破坏煤中氢键的同时,长烃链能使煤分子之间的斥力更大,显著减弱煤中氢键之间的相互作用。③ 功能化离子液体对煤中氢键的破坏作用普遍强于普通离子液体,这是由于功能化离子液体中含有不同类型的含氧官能团,这些含氧官能团与煤中氢键的作用更强,因此破坏煤中氢键的效果更好。比如含羟基的离子液体[HOEtMIm]$^+$能与煤发生 O—H⋯O 氢键相互作用,其作用强度要强于相应的普通离子液体[EMIm]$^+$与煤发生的 C—H⋯O 氢键相互作用。

对于 1 702 cm^{-1} 处的羰基结构谱峰,与未处理煤相比,其强度在离子液体处理煤中均

有不同程度的增加。增加程度最明显的是［HOEtMIm］［BF$_4$］和［AOEMIm］［BF$_4$］处理煤。图 3-9(a)中的 4 个普通离子液体处理煤中，［BMIm］Ac 处理煤的羰基谱峰增加程度不明显。图 3-9(b)中的 5 个功能化离子液体处理煤中，只有［HOEtMIm］［NTf$_2$］处理煤的增加程度不明显，其他 4 种处理煤的羰基谱峰均明显增加。离子液体处理后煤中羰基谱峰增强的实验结果在文献中也有报道[61]。这与离子液体对煤中羧基缔合氢键的破坏使得煤中游离羧基结构增多，从而羧羰基对羰基谱峰贡献较多有关。

各离子液体处理煤中另外一个较明显的变化是位于 1 270 cm^{-1} 处的芳香醚键谱峰，其在［EMIm］［BF$_4$］处理煤、［EMIm］Ac 处理煤、［BMIm］［BF$_4$］处理煤、［HOEtMIm］［BF$_4$］处理煤中均明显增加，在其他处理煤中的变化不明显。文献[47]利用［BMIm］Cl 对褐煤进行萃取后也观察到了处理煤中醚键谱峰的增强。

综上所述，离子液体处理后煤中变化显著的结构主要是羟基缔合氢键、羰基和醚键。煤中芳环结构相对最稳定，因此将上述所有煤样以 1 602 cm^{-1} 处的芳环 C＝C 结构谱峰为参考基准对特征频率区的氢键和羰基变化进行分析。

图 3-10 显示了所有煤样的羰基 C＝O 官能团谱峰强度。从图 3-10 中可以看出，相对于未处理煤样，所有离子液体处理煤的羰基 C＝O 谱峰均有不同程度的增加，其中［HOEtMIm］［NTf$_2$］处理煤的增加程度最大，［BMIm］Ac 处理煤的变化程度最小。这些变化结果与上述分析结果一致。

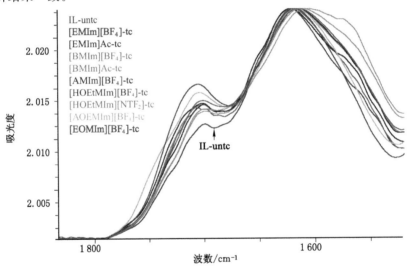

图 3-10　咪唑类离子液体处理煤与未处理煤的羰基谱图

图 3-11 显示了以 1 602 cm^{-1} 处芳环 C＝C 结构谱峰为参考基准的氢键变化结果。由图 3-11 不难看出，离子液体处理煤中的氢键谱峰均不同程度的降低，可见离子液体处理能显著破坏煤中的氢键。按照氢键谱峰强度的大小排序为 IL-untc＞［EMIm］Ac-tc＞［HOEtMIm］［BF$_4$］-tc＞［EMIm］［BF$_4$］-tc＞［BMIm］［BF$_4$］-tc＞［AMIm］［BF$_4$］-tc＞［AOEMIm］［BF$_4$］-tc＞［EOMIm］［BF$_4$］-tc＞［HOEtMIm］［NTf$_2$］-tc＞［BMIm］Ac-tc。氢键谱峰强度的排序与上述分析结果一致。

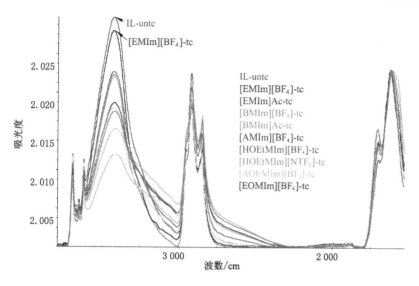

图 3-11　咪唑类离子液体处理煤与未处理煤的氢键谱图

3.4.2　离子液体处理煤的升温红外光谱结果分析

图 3-12 比较了两种氧化活性最弱的离子液体处理煤（[HOEtMIm][BF$_4$]处理煤、[HOEtMIm][NTf$_2$]处理煤）与未处理煤在 25 ℃、110 ℃、180 ℃时的光谱图，以进一步分析引起离子液体处理煤氧化活性减弱的微观化学结构变化过程。所有谱图均以 800 cm^{-1}和 780 cm^{-1}处的谱峰为参考进行校准显示，即调整各谱图的谱峰强度，使各煤样在 800 cm^{-1} 和 780 cm^{-1} 处的谱峰强度值相等。选取 800 cm^{-1} 和 780 cm^{-1} 处的谱峰为基准的原因是在褐煤整个氧化过程中（25～800 ℃），这两处谱峰几乎不发生任何变化[见图 2-12 (a)]。据此可知，这两处谱峰代表的结构非常稳定，可以作为红外谱图的参考分析基准。

从图 3-12(a)可以看出，与 25 ℃时的光谱图相比，110 ℃时煤中官能团的主要变化是 3 600～3 100 cm^{-1} 范围内的氢键谱峰，其在离子液体处理煤中的较小程度要弱于未处理煤。受氢键谱峰的总体影响，3 000～2 800 cm^{-1} 范围内的脂肪烃结构谱峰强度减弱，但峰形基本不变，结合 1 442 cm^{-1}、1 377 cm^{-1} 处两个脂肪烃结构的弯曲振动峰的峰形不变，可以推断脂肪烃结构稳定，未发生变化。1 702 cm^{-1} 处的羰基谱峰在三种煤样中的峰形变化不明显。1 270 cm^{-1} 处的醚键谱峰变化则较明显。110 ℃时未处理煤中的醚键谱峰消失，而[HOEtMIm][BF$_4$]处理煤中则仍然存在，[HOEtMIm][NTf$_2$]处理煤中则几乎不变。据此可见，该阶段煤中醚键的氧化反应活性较高是未处理煤氧化活性较强的主要原因。而离子液体的处理使得煤中醚键活性减弱，使得离子液体处理煤的氧化活性被减弱。

从图 3-12(b)可以看出，180 ℃时各煤样中的氢键谱峰强度进一步减弱，同时 1 702 cm^{-1} 处的羰基谱峰明显增加，1 270 cm^{-1} 处的醚键谱峰在两个处理煤中则消失。180 ℃时的氢键谱峰变化与图 3-12(a)中的变化有所区别。3 420 cm^{-1} 处的氢键谱峰强度在未处理煤和[HOEtMIm][NTf$_2$]处理煤中继续下降，但峰形不变，说明仍有部分羟基缔合氢键存在。3 200 cm^{-1} 处的谱峰则在[HOEtMIm][BF$_4$]处理煤中出现明显的降低。值得注意的是，180 ℃时三个煤样中的氢键谱峰形状彼此非常相似，说明较高温度段时各煤样中的氢键

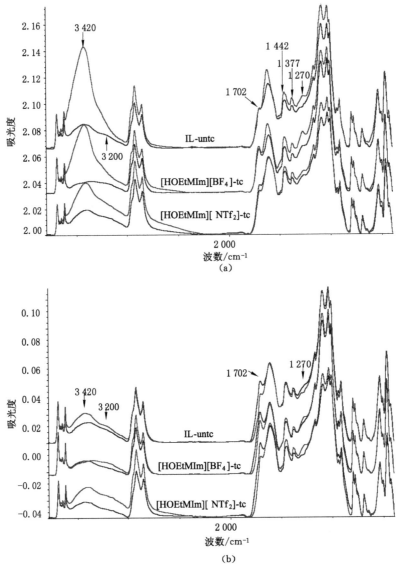

图 3-12 未处理煤和[HOEtMIm][BF₄]、[HOEtMIm][NTf₂]

处理煤在 25 ℃、110 ℃、180 ℃时的红外光谱图

(a) 三种煤样在 25 ℃和 110 ℃的红外光谱图

(b) 三种煤样在 110 ℃和 180 ℃的红外光谱图

类型较统一。对于 1 702 cm⁻¹ 处的羰基谱峰,未处理煤在 180 ℃时的羰基谱峰相对于 110 ℃时更宽,说明未处理煤中波数大于 1 702 cm⁻¹ 的羰基结构较多,而离子液体处理煤中则相对较少。由此可见,离子液体处理减弱了煤中羰基生成的反应。

图 3-13 比较了两种氧化活性最强的离子液体处理煤([AMIm][BF₄]、[BMIm]Ac 处理煤)与未处理煤在 25 ℃、110 ℃、180 ℃时的光谱图。图中的红外光谱图均以 800 cm⁻¹ 和 780 cm⁻¹ 处的谱峰为参考进行校准。

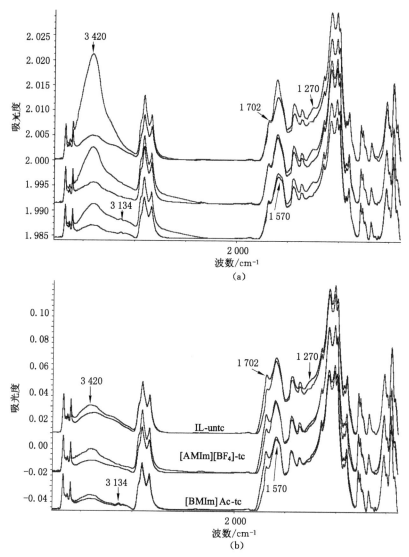

图 3-13　未处理煤和[AMIm][BF₄]、[BMIm]Ac 处理煤在 25 ℃、110 ℃、180 ℃时的红外光谱图
(a) 三种煤样在 25 ℃和 110 ℃的红外光谱图；
(b) 三种煤样在 110 ℃和 180 ℃的红外光谱图

从图 3-13(a)可以看出,110 ℃时各煤样的氢键谱峰明显减弱,羰基谱峰变化不明显,但 1 270 cm⁻¹ 处的醚键谱峰出现了不同的变化。与[HOEtMIm][NTf₂]和[HOEtMIm][BF₄]处理煤在 110 ℃时仍有明显的醚键谱峰存在相比,[AMIm][BF₄]和[BMIm]Ac 处理煤在 110 ℃时的醚键谱峰消失,其变化趋势与未处理煤的类似,证实了该温度范围内煤中醚键的变化也是引起不同煤样氧化活性差异的主要原因之一。

从图 3-13(b)可以看出,180 ℃时各煤样中的氢键谱峰强度进一步减弱,同时 1 702 cm⁻¹ 处的羰基谱峰明显增加,其中羰基谱峰的增加程度在未处理煤和[BMIm]Ac 处理煤中均较明显。不过后者的氢键谱峰变化程度较弱,所以[BMIm]Ac 处理煤的总体效果仍表现为氧化活性有一定程度的减弱,只是羰基的明显增加使得其活性减弱的程度不大。另外,三种煤样中，[AMIm][BF$_4$]处理煤在180 ℃时的脂肪烃类官能团谱峰减弱较明显，这可能是该煤样氧化活性较高的主要原因。值得一提的是，[BMIm]Ac处理煤在三个温度下的红外光谱图中均在3 134 cm^{-1}、1 570 cm^{-1}处有明显的残留离子液体特征谱峰存在，说明了离子液体的热稳定性较高，在温度升高至180 ℃时仍未发生明显变化。

其他5种离子液体处理煤中，[EMIm]Ac处理煤的红外光谱变化趋势与[AMIm][BF$_4$]处理煤、[BMIm]Ac处理煤的变化趋势相似，其余四种与[HOEtMIm][BF$_4$]处理煤、[HOEtMIm][NTf$_2$]处理煤的变化趋势类似，在此不再赘述。相关光谱信息见附录。

总之，煤样氧化活性的改变与离子液体处理对煤结构的影响有主要的关系。离子液体与煤接触后能产生强烈的分子间作用力，从而显著破坏煤中的氢键结构。这些作用主要包括离子液体咪唑环上C2位置的H原子、取代链上的羟基官能团以及阴离子中的活性氢原子与煤中的羟基、羰基、醚键等发生的氢键相互作用。另外，离子液体咪唑环"平面分子形状的空间特征使其更容易进入煤体内部"[192]，加之咪唑环不饱和性，共同导致了离子液体与煤的 π—π 相互作用，如与煤中含N杂环、含S杂环等发生的 π—π 堆积作用。这些作用共同破坏了煤的结构，并进而改变了煤中含氧官能团的分布，表现为羟基缔合氢键减少、羰基结构增多、醚键结构则发生不同程度的变化。这些基团的含量变化及其氧化活性的改变都有助于对煤氧化活性的总体减弱，如氧化初期醚键结构氧化程度的减轻，羰基生成的反应被抑制。

3.5　本章小结

本章分析比较了9种咪唑类离子液体[EMIm][BF$_4$]、[EMIm]Ac、[BMIm][BF$_4$]、[BMIm]Ac、[AMIm][BF$_4$]、[HOEtMIm][BF$_4$]、[HOEtMIm][NTf$_2$]、[AOEMIm][BF$_4$]和[EOMIm][BF$_4$]对褐煤进行处理后，褐煤氧化特性的变化。根据热重、差热和红外光谱结果得到以下结论。

（1）离子液体处理对煤的氧化热失重过程有明显的减弱作用，且不同离子液体的作用效果不同。通过比较125～400 ℃范围内，离子液体处理煤的失重量相对于未处理煤失重量的减少百分比发现，对于同种阳离子而言，[BF$_4$]$^-$的作用效果要强于Ac$^-$和[NTf$_2$]$^-$的；对于同种阴离子[BF$_4$]$^-$而言，含羟基阳离子[HOEtMIm]$^+$的效果最强；对于阴离子Ac$^-$而言，含较短烷基链的[EMIm]$^+$的效果要强于含较长烷基链的[BMIm]$^+$的效果。差热结果显示离子液体处理能延迟煤的氧化进程，使得煤中结构参与氧化反应的开始温度点被提高。综合热失重和差热结果来看，减弱煤氧化活性最有效的离子液体是[HOEtMIm][NTf$_2$]，效果最弱的是[AMIm][BF$_4$]。

（2）室温下的红外光谱结果显示，离子液体处理后煤中氢键、羰基和醚键均发生一定程度的改变。氢键谱峰均明显减弱，羰基谱峰则不同程度的增加，醚键在部分离子液体处理煤中也有所增加。[HOEtMIm][NTf$_2$]、[BMIm]Ac对煤中氢键的破坏作用最明显，有利于对煤氧化活性的减弱，但由于离子液体[BMIm]Ac的残留使得煤样氧化活性仍然较高。另外，功能化离子液体对煤中氢键的破坏作用普遍强于普通离子液体的破坏作用，这与离子液体中咪唑环上含氧官能团的存在增强了离子液体与煤中氢键的相互作用有主要关系。离子液体处理使得煤中羰基结构不同程度的增加。增加程度最明显的是[HOEtMIm][BF$_4$]处理煤、[AOEMIm][BF$_4$]处理煤。醚键结构在[EMIm][BF$_4$]、[EMIm]Ac、[BMIm][BF$_4$]、[HOEtMIm][BF$_4$]处理煤中也明显增加,在其他处理煤中的变化不明显。这些基团的含量变化是离子液体处理煤氧化活性改变的主要原因。

（3）不同温度下的红外光谱图结果显示,[HOEtMIm][NTf$_2$]和[HOEtMIm][BF$_4$]处理煤中的醚键在氧化初期几乎不变或只有微弱的减少。另外随着氧化程度的加深,羰基结构的生成量也减少。而氧化活性仍然较高的[AMIm][BF$_4$]和[BMIm]Ac处理煤氧化初期的醚键几乎消失,不过随着氧化程度加深,羰基结构的生成量也减少。推测离子液体的处理能减弱煤中醚键的氧化活性,同时抑制煤中羰基生成的反应。

第4章　季膦盐类离子液体影响煤氧化特性研究

季膦盐类离子液体相比于铵盐类离子液体具有挥发性更低、热稳定性更高、非腐蚀性以及对空气和水蒸气更加稳定等优点[131,193-194]，近年来日益受到科学家们的重视。以目前研究应用最为广泛的 N-2 二烷基咪唑铵盐类离子液体为例，其咪唑环结构上 C2 位置酸性质子的存在使其反应活性较高，因此热稳定性要低于季膦盐类离子液体[195-197]。在与煤及其衍生产品相关的研究中，已有报道的是季膦盐类离子液体用于对碳纳米管的分散，效果非常良好[38,198]。但在影响煤氧化活性方面的研究还未见报道。因此本章选取了 9 种目前研究较广泛的季膦盐类离子液体来分析其对褐煤氧化特性的影响，深入研究不同离子液体类型对煤氧化活性的减弱作用。

4.1　实验部分

4.1.1　实验材料

实验所用煤样为最易自燃的褐煤，粒度为 $150\sim250\ \mu m$。

实验所用离子液体样品有 9 种，其化学名称如表 4-1 所示，其相关的物理特性参数如表 4-2 所示。离子液体 $[P_{6,6,6,14}]Cl$、$[P_{6,6,6,14}]Br$、$[P_{6,6,6,14}][Bis]$、$[P_{6,6,6,14}][N(CN)_2]$、$[P_{6,6,6,14}][NTf_2]$、$[P_{4,4,4,1}][MeSO_4]$ 和 $[P_{4,4,4,2}][DEP]$ 由加拿大氰特工业公司提供。$[P_{4,4,4,14}][MeSO_4]$ 和 $[P_{4,4,4,1}][NTf_2]$ 由英国贝尔法斯特女王大学离子液体实验室提供。与所用离子液体相关的阴阳离子化学结构图及其结构简式如图 4-1 所示。所有离子液体均直接用于实验测试。

表 4-1　　　　　　　　　　　实验用季膦盐类离子液体的化学名称

离子液体	化学名称	分子式
$[P_{6,6,6,14}]Cl$	三己基(十四烷基)膦氯盐	$C_{32}H_{68}ClP$
$[P_{6,6,6,14}]Br$	三己基(十四烷基)膦溴盐	$C_{32}H_{68}BrP$
$[P_{6,6,6,14}][Bis]$	三己基(十四烷基)膦双(2,4,4-三甲基戊基)亚膦酸盐	$C_{40}H_{85}O_2P_2$
$[P_{6,6,6,14}][NTf_2]$	三己基(十四烷基)膦双(三氟甲基磺酰基)酰胺盐	$C_{34}H_{68}F_6NO_4PS_2$
$[P_{6,6,6,14}][N(CN)_2]$	三己基(十四烷基)膦二氨腈盐	$C_{34}H_{68}N_3P$
$[P_{4,4,4,14}][MeSO_4]$	三丁基(十四烷基)膦硫酸甲酯盐	$C_{47}H_{90}N_3P$
$[P_{4,4,4,2}][DEP]$	三丁基(乙基)膦磷酸二乙酯盐	$C_{18}H_{42}O_4P_2$
$[P_{4,4,4,1}][MeSO_4]$	三丁基(甲基)膦硫酸甲酯盐	$C_{14}H_{33}O_4PS$
$[P_{4,4,4,1}][NTf_2]$	三丁基(甲基)膦双(三氟甲基磺酰基)酰胺盐	$C_{13}H_{30}F_6NO_4PS_2$

表 4-2　　　　　　　　　　实验用季鏻盐类离子液体的部分物理性质参数

离子液体	纯度/%	密度/(g/cm³)	黏度/(mPa·s)	熔点/℃	水溶性
$[P_{6,6,6,14}]Cl$	97.7	0.881 9	1 824.0	/	疏水性
$[P_{6,6,6,14}]Br$	96.7	0.954 6	2 094.0	−61.0	疏水性
$[P_{6,6,6,14}][Bis]$	93.7	0.892 0	805.8	/	疏水性
$[P_{6,6,6,14}][NTf_2]$	98.6	1 065 2	292.5	−72.4	疏水性
$[P_{6,6,6,14}][N(CN)_2]$	96.5	0.898 5	280.4	/	疏水性
$[P_{4,4,4,14}][MeSO_4]$	97.0	/	/	/	疏水性
$[P_{4,4,4,2}][DEP]$	95.0	1.007 0	541.0	/	亲水性
$[P_{4,4,4,1}][MeSO_4]$	98.6	1.066 2	409.3	/	亲水性
$[P_{4,4,4,1}][NTf_2]$	98.0	/	/	/	疏水性

注:离子液体的性质与纯度密切相关。因此到目前为止,只有部分可查测试数据,仅供参考。

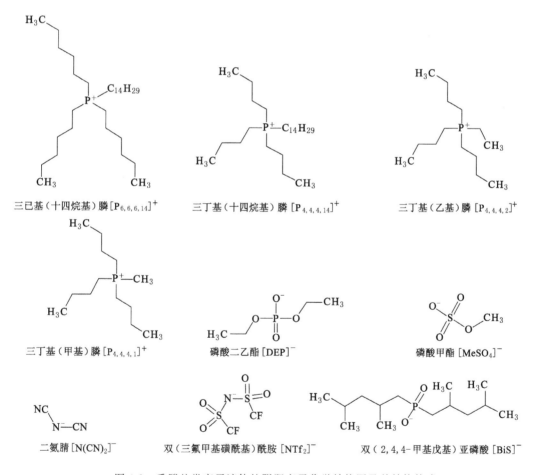

图 4-1　季鏻盐类离子液体的阴阳离子化学结构图及其结构简式

原煤样制备:将新鲜煤块粉碎、研磨并进行筛分,获取粒径为 $150\sim250~\mu m$ 的样品,然后利用真空干燥箱对样品颗粒进行室温真空干燥 24 h 后装于棕色磨口瓶内密封保存备用。

离子液体处理煤样制备:将煤样与 9 种离子液体按 1∶1 比例充分搅拌混合后,在室温下密封静置 24 h 后用二氯甲烷(Dichloromethane,DCM)溶剂对混合物进行清洗以分离离子液体和处理煤。选用 DCM 作为洗涤溶剂的原因是由于所用离子液体中有 7 种离子液体具有疏水性(见表 4-2),因此无法统一用蒸馏水来洗涤分离。而所有离子液体均能溶于DCM,且 DCM 也是常用化学溶剂之一,因此为了消除使用不同洗涤溶剂对实验结果的影响,统一选用了 DCM 溶剂对样品进行清洗以分离离子液体和煤样。洗涤时观察滤液是否澄清。当滤液澄清后过滤煤样并在室温下自然晾干 4 h。由于 DCM 极易挥发,所以 4 h 的时间足够 DCM 蒸发完全。然后利用红外光谱仪(见图 2-4)对样品进行红外光谱测试,以确认离子液体被完全分离。当样品的两次红外光谱图几乎吻合后,认为清洗分离过程完成。采用相同步骤用 DCM 对 1 g 原煤也进行了混合清洗过程以得到原煤对比样,称为离子液体未处理煤样(IL-untc)。该煤样与上述得到的 9 种离子液体处理煤样(IL-tc)用于拉曼光谱、红外光谱和热重分析测试。

离子液体处理对比煤样制备:由于 DCM 是一种有机溶剂,其对有机物有一定的溶解能力,因此在样品制备过程中 DCM 难免对煤结构产生一定的影响,并进一步影响到煤的氧化特性。为了验证 DCM 洗涤样品实验结果的可靠性,对本章所用的两种亲水性离子液体($[P_{4,4,4,1}][MeSO_4]$、$[P_{4,4,4,2}][DEP]$)制备了蒸馏水洗样品。即在样品的清洗过程中用蒸馏水代替 DCM 洗涤样品。另外,水洗样品的干燥在室温真空条件下进行,干燥时间为24 h。同时,也制备了水洗原煤样品作为对比样。最后得到 1 种离子液体未处理对比煤样(IL-untcc)和 2 种离子液体处理对比煤样(IL-tcc),用于热重分析实验。

红外光谱测试用样品制备:为了分析离子液体对煤中官能团的影响,制备了不同氧化温度下的红外光谱测试用煤样。所测样品有 9 种,分别为 IL-untc、$[P_{4,4,4,2}][DEP]$-tc、$[P_{6,6,6,14}][Bis]$-tc、$[P_{6,6,6,14}]Br$-tc、$[P_{4,4,4,1}][MeSO_4]$-tc、$[P_{4,4,4,14}][MeSO_4]$-tc 以及 IL-untcc 和 $[P_{4,4,4,2}][DEP]$-tcc。样品制备装置由水平管式加热炉(Carbolite MTF 1200 DegC)和供气系统组成(见图 2-1)。制备时将 20 mg 样品放入石英舟,并连接好加热炉的供气管路,控制空气流量为 100 mL/min,在 5 ℃/min 的升温速率下从室温(25 ℃)分别升温至50 ℃、125 ℃、225 ℃、275 ℃、345 ℃、400 ℃ 和 450 ℃。每次升温结束后将反应管取出并在氮气保护下降至室温后进行红外光谱测试。

4.1.2 测试方法

(1) 拉曼光谱测试

测试仪器采用 Perkin Elmer 公司的 Raman Station 400F 型拉曼光谱仪进行测试。实验设备如图 2-3 所示。测试范围为 1 000~2 000 cm^{-1}。仪器在 100 mW 下运行,激发波长为 785 nm。扫描时间和扫描次数分别为 5 s 和 5 次。每种样品重复测试 7 次,每次的光谱都利用 Omnic 8.0 软件进行了谱峰分峰处理。

(2) 红外光谱测试

测试仪器为英国 Perkin Elmer 仪器公司的 Spectrum 100 型傅立叶变换红外光谱仪。实验设备如图 2-4 所示。测试时,首先启动光谱采集软件,设定扫描波数范围为 3 800~650 cm^{-1},扫描次数设为 8 次,光谱分辨率设为 8 cm^{-1};然后进行背景扫描;最后将全部样品装入样品槽中,转动施压手柄压紧样品后进行光谱测试。光谱结果利用 Ominc 8.0 软件进行显示。

（3）热重分析测试

测试仪器为瑞士 Mettler Toldedo 公司的 TGA/DSC1 型热重分析仪。实验设备如图 2-2 所示。样品测试量为 3～6 mg。实验时在 5 ℃/min 的升温速率下由室温 25 ℃升至 400 ℃。采用较低的升温速率可以消除样品的热滞后现象。测试气氛环境为干空气,气体流量为 50 cm³/min。数据结果利用 Origin 8 Pro 软件进行整理分析。

（4）TPO-MS 测试

程序升温氧化和质谱联用（Temperature-programmed oxidation mass spectrometry, TPO-MS)实验主要通过测试质谱信号来定量表征气体产物的含量变化。实验设备为英国贝尔法斯特女王大学化学与化工学院的 TPO-MS 系统;其系统连接图如图 4-2(a)所示,其实物图如图 4-2(b)所示。实验样品量为 50 mg。首先将样品置于石英反应管中,两端用石英棉固定。然后将反应管安装在水平管式加热设备(Carbolite MTF 10/15/130)中。实验气体为氧气体积百分比为 21% 的氧气/氩气/氪气混合气体,气体流量为 50 cm³/min,升温速率为 10 ℃/min,升温范围为 30～400 ℃。反应管出口气体浓度利用质谱仪 Hiden Analytical HPR 20 型进行监测。监测的数据包括 4 种不同质荷比的信号:18(H_2O)、28(CO)、44(CO_2)和 84(Kr)。结果的量化分析以氪气(Kr)信号为基准进行标准化处理,最终得到 3 种与氧化气体产物(H_2O、CO、CO_2)的量呈正比关系的质核比信号。

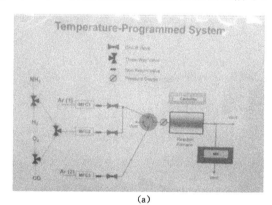

(a)

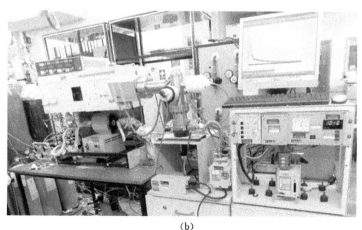

(b)

图 4-2　TPO-MS 系统

(a) 系统连接图;(b)系统实物图

4.2 离子液体处理煤拉曼光谱结果分析

图 4-3 为离子液体未处理煤和处理煤的拉曼光谱图。从图 4-3 可知,各煤样拉曼光谱之间的差别不大,说明煤的主体结构变化不大。详细的差别需要通过分峰拟合结果来进一步分析。图 4-4 给出了各个煤样拉曼光谱的分峰拟合结果。在图 4-4 中,从上至下分别为 IL-untc、$[P_{4,4,4,2}][DEP]$-tc、$[P_{4,4,4,14}][MeSO_4]$-tc、$[P_{6,6,6,14}][Bis]$-tc、$[P_{4,4,4,1}][MeSO_4]$-tc、$[P_{6,6,6,14}]Br$-tc、$[P_{4,4,4,1}][NTf_{2-}]$-tc、$[P_{6,6,6,14}]Cl$-tc、$[P_{6,6,6,14}][NTf_2]$-tc 和 $[P_{6,6,6,14}][N(CN)_2]$-tc)。从图 4-4 可以看出,利用 8 个高斯谱峰可以成功拟合各煤样的拉曼谱图,各谱峰归属见表 2-2。根据拟合结果得到两个谱峰面积比值 $I_{(G+GR)}/I_{All}$ 和 $I_{DAll}/I_{(G+GR)}$ 来分析不同煤样间的结构有序度和缺陷结构含量差异,结果如图 4-5 所示。

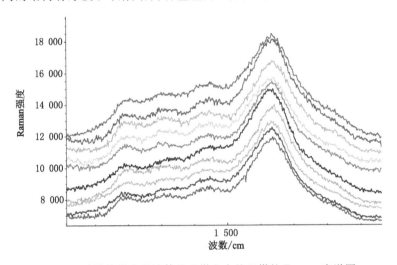

图 4-3 季鏻盐类离子液体处理煤和未处理煤的 Raman 光谱图

根据图 4-5,离子液体处理煤的 $I_{(G+GR)}/I_{All}$ 值相比未处理煤均略有不同程度的增加,而 $I_{DAll}/I_{(G+GR)}$ 则减少。其中 $[P_{4,4,4,2}][DEP]$ 处理煤、$[P_{4,4,4,1}][MeSO_4]$ 处理煤有着相对较高的 $I_{(G+GR)}/I_{All}$ 值,相应的 $I_{DAll}/I_{(G+GR)}$ 的值较低,说明煤中碳结构的有序度更高,无序结构(碳微晶结构中的缺陷及不完善)更少。结构有序度越高预示着化学结构越稳定,说明离子液体处理减弱了煤的反应活性。其他 7 种离子液体处理煤中,$[P_{4,4,4,14}][MeSO_4]$ 处理煤、$[P_{6,6,6,14}][Bis]$ 处理煤的 $I_{DAll}/I_{(G+GR)}$ 减小程度也较大,可见这两种煤样中的无序结构也有明显减少。剩余 5 种离子液体处理煤的 $I_{DAll}/I_{(G+GR)}$ 均较大,相应的 $I_{(G+GR)}/I_{All}$ 的值相对于离子液体未处理煤的增加程度也较小,说明了这 5 种离子液体处理煤中的反应活性点仍相对较多,且微晶结构有序性也较低,因此它们的氧化能力可能仍然较强。值得一提的是,在这些离子液体处理煤中,$[P_{6,6,6,14}][N(CN)_2]$ 处理煤的 $I_{(G+GR)}/I_{All}$ 值最小,而这种处理煤的 $I_{DAll}/I_{(G+GR)}$ 值最大,可见该煤样的有序度增加的最少,而无序结构减少的也最少,这并不利于对煤活性的减弱。

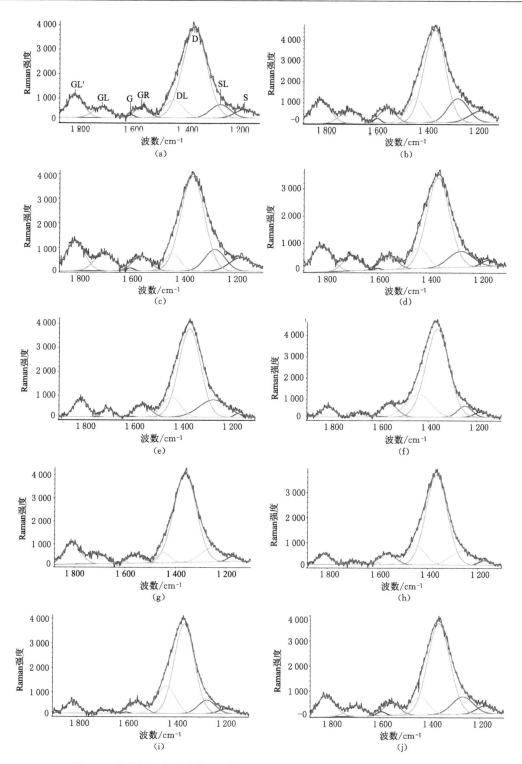

图 4-4　季辚盐类离子液体处理煤和未处理煤的 Raman 光谱分峰拟合结果

(a) IL-untc；(b) $[P_{4,4,4,2}][DEP]$-tc；(c) $[P_{4,4,4,14}][MeSO_4]$-tc；(d) $[P_{6,6,6,14}][Bis]$-tc；(e) $[P_{4,4,4,1}][MeSO_4]$-tc；(f) $[P_{6,6,6,14}]Br$-tc；(g) $[P_{4,4,4,1}][NTf_2]$-tc；(h) $[P_{6,6,6,14}]Cl$-tc；(i) $[P_{6,6,6,14}][NTf_2]$-tc；(j) $[P_{6,6,6,14}][N(CN)_2]$-tc

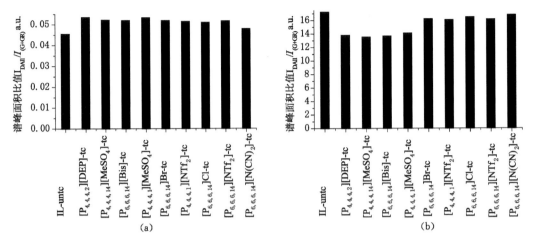

图 4-5 季𬭸盐类离子液体处理煤和未处理煤拉曼谱峰面积比值

(a) $I_{(G+GR)}/I_{All}$；(b) $I_{DAll}/I_{(G+GR)}$

4.3 离子液体处理煤的红外光谱结果分析

图 4-6 显示了室温下未处理煤和离子液体处理煤的红外光谱图。所有光谱图均在同一刻度下进行显示。

从图 4-6 可以看出，各煤样的红外光谱图大致相似，但某些谱峰的强度值有所变化，可见离子液体处理对煤的主体结构影响不大，没有改变煤中的官能团类型，但改变了某些官能团的含量。

$3\,800\sim3\,600\ cm^{-1}$ 范围内的硅酸盐、黏土矿物质、高岭石中的 O—H 键伸展振动[187]谱峰除了在[$P_{6,6,6,14}$][Bis]处理煤、[$P_{4,4,4,14}$][$MeSO_4$]处理煤中的变化不明显外，在其他 7 种离子液体处理煤中均明显减弱，同时 $1\,035\ cm^{-1}$、$1\,008\ cm^{-1}$ 处的矿物质硅酸盐类 Si—O—Si 和铝酸盐类 Al—O—Al 振动[187]以及 $914\ cm^{-1}$ 处的矿物质谱峰[199]强度也明显下降，说明这 7 种离子液体能够有效破坏矿物质与煤之间的相互作用，从而能有效溶解除去煤中部分矿物质。尤其是[$P_{4,4,4,2}$][DEP]处理煤，位于 $1\,008\ cm^{-1}$ 处的矿物质醚键谱峰完全消失，说明该离子液体对煤中矿物质的作用最强。对于离子液体与煤中矿物质的作用机理，文献[44]认为离子液体的阴阳离子均能与煤中金属离子形成螯合物，使得矿物质金属离子脱除，从而导致了煤中矿物质的减少。

$3\,600\sim3\,100\ cm^{-1}$ 范围内的氢键谱峰在离子液体处理煤中均有不同程度的减弱。谱峰中心位于 $3\,402\ cm^{-1}$ 处的氢键谱峰在[$P_{4,4,4,2}$][DEP]处理煤中明显减弱，说明离子液体[$P_{4,4,4,2}$][DEP]对煤中氢键的破坏能力较强。[$P_{4,4,4,14}$][$MeSO_4$]处理煤在 $3\,600\sim3\,100$ cm^{-1} 之间的谱峰总体减弱程度也很明显，不过该煤样在 $3\,530\ cm^{-1}$、$3\,402\ cm^{-1}$ 处出现较明显的氢键谱峰，分别归属于 OH⋯π 型氢键和羟基自缔合氢键。一般而言，煤中各类氢键中，高波数处氢键类型的反应活性较高，所以离子液体[$P_{4,4,4,14}$][$MeSO_4$]的处理虽然减少了煤中的氢键含量，但却增加了煤中弱氢键的相对含量，这在一定程度上不利于对煤氧化活

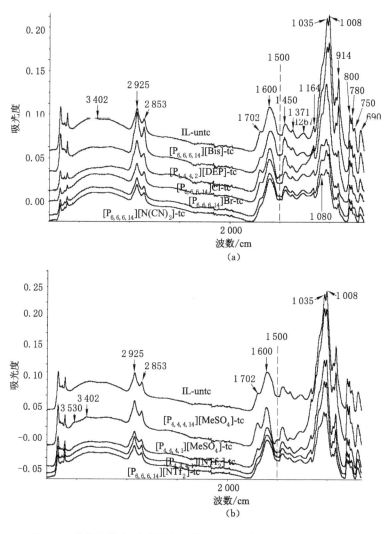

图 4-6　季鳞盐类离子液体处理煤和未处理煤的 FTIR 光谱图

(a) IL-untc、$[P_{6,6,6,14}][Bis]$-tc、$[P_{4,4,4,2}][DEP]$-tc、$[P_{6,6,6,14}]$Cl-tc、

$[P_{6,6,6,14}]$Br-tc 和 $[P_{6,6,6,14}][N(CN)_2]$-tc 的 FTIR 谱图；

(b) IL-untc、$[P_{4,4,4,14}][MeSO_4]$－tc、$[P_{4,4,4,1}][MeSO_4]$-tc、

$[P_{4,4,4,1}][NTf_2]$-tc 和 $[P_{6,6,6,14}][NTf_2]$-tc 的 FTIR 谱图

性的减弱。其余 7 种离子液体处理煤样在 3 600～3 100 cm^{-1} 之间的氢键谱峰相对于未处理煤有所减弱,且谱峰峰形变化更加平缓,说明这些离子液体能在一定程度上破坏煤中的氢键。

　　3 000～2 800 cm^{-1} 范围内的脂肪烃甲基和亚甲基谱峰在各煤样中均有出现,但谱峰强度在$[P_{4,4,4,14}][MeSO_4]$、$[P_{6,6,6,14}][Bis]$、$[P_{4,4,4,2}][DEP]$三个处理煤中则有不同程度的增加。这些明显增强的谱峰强度主要源于离子液体的残留。图 4-7 比较了这三种离子液体处理煤与离子液体未处理煤以及离子液体的红外光谱图。从图 4-7(a)可以看出,$[P_{4,4,4,2}]$ $[DEP]$处理煤在 2 871 cm^{-1} 处的甲基反对称伸缩振动谱峰较明显,相应的离子液体在该处

也有明显谱峰。另外,离子液体在 1 055 cm^{-1} 处的尖峰以及处理煤在 1 035 cm^{-1} 处的明显谱峰也证实了离子液体的残余。图 4-7(b)所示的中[P$_{4,4,4,14}$][MeSO$_4$]处理煤在 2 918 cm^{-1} 处的亚甲基反对称和 2 854 cm^{-1} 处的对称伸缩振动峰均显著增强,对应了离子液体中相应结构的谱峰。离子液体[P$_{4,4,4,14}$][MeSO$_4$]在 1 500 cm^{-1} 处的特征谱峰在处理煤中很明显,证实了离子液体的残余。图 4-7(c)所示的[P$_{6,6,6,14}$][Bis]处理煤在 3 000～2 800 cm^{-1} 范围内的谱峰增强程度最大,亚甲基反对称(2 921 cm^{-1} 左右)和对称伸缩振动峰(2 854 cm^{-1} 左右)均显著增强,同时甲基反对称伸缩振动肩峰(2 960 cm^{-1} 左右)也较明显。对比三个谱图判断,这三处谱峰的增强主要源于处理煤中残留的离子液体。这一结论通过处理煤在 1 460 cm^{-1} 处出现的小尖峰得到进一步证实。上述离子液体的残余也说明了这些离子液体与煤的相互作用较强。

其余 6 种离子液体处理煤在 3 000～2 800 cm^{-1} 范围内的变化不明显。不过在[P$_{4,4,4,1}$][MeSO$_4$]处理煤中,2 850 cm^{-1} 处的亚甲基谱峰有所减弱,同时脂肪烃甲基反对称(～2 960 cm^{-1})和对称(～2 871 cm^{-1})伸缩振动肩峰较明显,这是由于亚甲基峰的相对减弱,使得甲基谱峰较明显,说明该离子液体对煤中直链脂肪烃结构有一定的溶解破坏能力。

1 702 cm^{-1} 处的羰基谱峰强度在不同煤样中有不同的变化。其中在[P$_{4,4,4,2}$][DEP]处理煤、[P$_{4,4,4,14}$][MeSO$_4$]处理煤中的增加最明显,其次在[P$_{4,4,4,1}$][MeSO$_4$]处理煤、[P$_{6,6,6,14}$]Cl 处理煤中的增加也较明显,说明这些煤样中的羰基结构有所增多。离子液体打破了煤中羧基缔合氢键,使得自由羧基结构增多,因而羧羰基结构较明显。羰基结构在其他离子液体处理煤中的变化不明显。

1 600 cm^{-1} 处的芳环 C=C 结构除了在[P$_{4,4,4,2}$][DEP]和[P$_{4,4,4,14}$][MeSO$_4$]处理煤中的峰形变窄外,在其他煤样中的变化不大。这一结果也可以从图 4-7(a)和(b)中看出来。可见这两种离子液体对煤中的芳环结构有一定的破坏作用。根据相关研究者对煤红外光谱的分峰结果[166,187]可知,煤在 1 560 cm^{-1} 处有归属于煤中芳香 C=C 结构的谱峰,该谱峰吸收强度的减弱或消失会引起谱峰中心在 1 600 cm^{-1} 处芳环骨架 C=C 谱峰变窄。

对于指纹区 1 500～650 cm^{-1} 范围内的谱峰变化,因为影响因素众多,一般不作为主要的官能团判断依据,但对特征区官能团的变化可以提供辅助信息。1 500～1 150 cm^{-1} 范围内主要有 4 个谱峰出现,分别位于 1 450 cm^{-1}、1 375 cm^{-1}、1 267 cm^{-1}、1 163 cm^{-1} 附近。1 450 cm^{-1}、1 375 cm^{-1} 附近甲基、亚甲基弯曲振动峰的变化趋势与 3 000～2 800 cm^{-1} 范围内的谱峰变化强度一致。1 267 cm^{-1}、1 163 cm^{-1} 处的醚键谱峰在[P$_{4,4,4,14}$][MeSO$_4$]处理煤、[P$_{4,4,4,2}$][DEP]处理煤中变化比较明显外,在其他煤样中的变化不大。[P$_{4,4,4,14}$][MeSO$_4$]处理煤、[P$_{4,4,4,2}$][DEP]处理煤中 1 163 cm^{-1} 处的醚键谱峰显著增强,这可能是由于残留离子液体的醚键谱峰与煤中醚键谱峰的叠加引起的[如图 4-7(a)离子液体[P$_{4,4,4,2}$][DEP]在 1 250 cm^{-1}、1 164 cm^{-1} 处显示的明显醚键谱峰,图 4-7(b)也显示了同样的结果]。这些结果进一步证实了离子液体[P$_{4,4,4,14}$][MeSO$_4$]处理煤、[P$_{4,4,4,2}$][DEP]在煤中的残余。1 150～900 cm^{-1} 范围内矿物质醚键类谱峰的强度变化与 3 800～3 600 cm^{-1} 之间的变化趋势一致。900～650 cm^{-1} 范围内的取代苯类变化不明显。

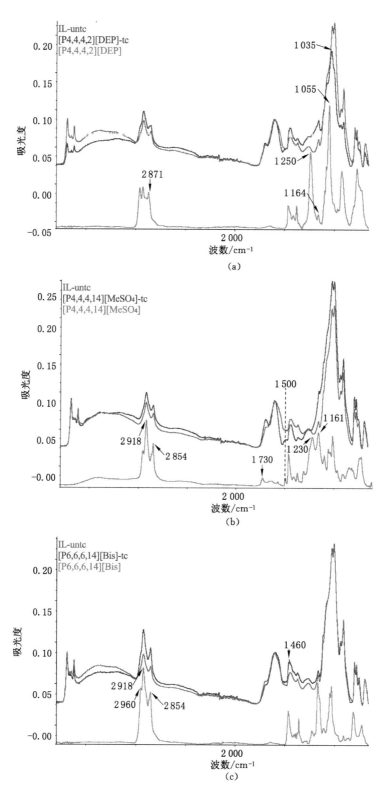

图 4-7 离子液体处理煤与未处理煤以及相应离子液体的红外光谱图

(a) $[P_{4,4,4,2}][DEP]$-tc;(b) $[P_{4,4,4,14}][MeSO_4]$-tc;(c) $[P_{6,6,6,14}][Bis]$-tc

　　总体来看,离子液体处理后煤中官能团的共同变化仍是煤中的氢键和羰基。在图 4-8 中以 1 600 cm^{-1} 处的芳环 C ═ C 谱峰为基准,对煤中的氢键和羰基变化进行了总体比较。从图 4-8(a)中可以看出,相对于芳环 C ═ C 结构,只有[P$_{4,4,4,14}$][MeSO$_4$]、[P$_{4,4,4,2}$][DEP]、[P$_{4,4,4,1}$][MeSO$_4$]、[P$_{6,6,6,14}$]Cl 处理煤中的羰基谱峰有不同程度的增加,其他煤样中的羰基谱峰小于未处理煤的。从图 4-8(b)中可以看出,除了[P$_{4,4,4,14}$][MeSO$_4$]处理煤中的氢键谱峰与未处理煤的相差不大外,其他离子液体处理煤中的氢键谱峰均有不同程度的减弱。氢键谱峰减弱程度最大的三个煤样是[P$_{4,4,4,2}$][DEP]、[P$_{6,6,6,14}$][Bis]、[P$_{4,4,4,1}$][MeSO$_4$]处理煤。这些变化结果与上述分析结果一致。

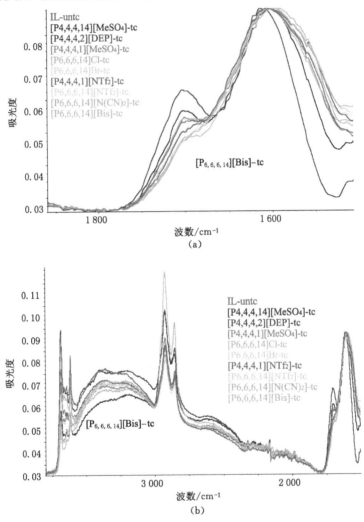

图 4-8　季膦盐类离子液体处理煤和未处理煤的羰基和氢键

(a) 羰基谱峰强度;(b) 氢键谱峰强度

　　氢键是对煤网络结构稳定性有重要贡献的一种非共价键[200-201]。离子液体与煤的相互作用主要就是离子液体对煤中氢键的破坏,使得氢键分布发生了显著改变。褐煤中绝大部分氢键的出现主要是由于羟基的存在,以及少量羧基(—COOH)的存在。当引入离子液体后,离子液体破坏煤中氢键,使得煤中氢键谱峰减小,同时释放出部分游离的羧基结构,表现为 $1\,702\ cm^{-1}$ 处的羰基谱峰显现。

4.4　离子液体处理煤热重结果分析

图 4-9 给出了季膦盐类离子液体处理煤和未处理煤在 $25\sim400\ ℃$ 范围内的热重结果。从图 4-9 可以看出,除了 $[P_{4,4,4,14}][MeSO_4]$ 处理煤在 $100\sim300\ ℃$ 之间出现相对较快的热失重趋势外,其他 8 种离子液体处理煤的热失重曲线与离子液体未处理煤的热失重曲线呈现相似的变化规律,说明煤的基本属性并未发生明显变化。在实验结束时($400\ ℃$),离子液体处理煤样的失重量均不同程度的小于未处理煤的,说明离子液体处理煤的氧化活性均有不同程度的减弱。这与离子液体对煤中活性结构的破坏或影响有主要关系。

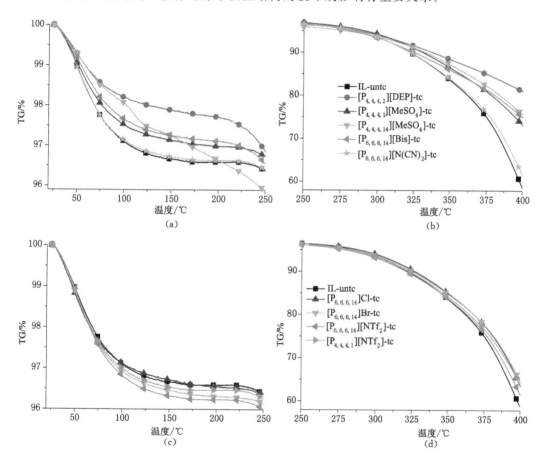

图 4-9　季膦盐类离子液体处理煤和未处理煤的热重结果

(a) $25\sim250\ ℃$ 范围内的 TG 结果;(b) $250\sim400\ ℃$ 范围内的 TG 结果;

(c) $25\sim250\ ℃$ 范围内的 TG 结果;(d) $250\sim400\ ℃$ 范围内的 TG 结果

图 4-9(a)所示的 5 种离子液体处理煤在低于 $200\ ℃$ 范围内的失重量均小于未处理煤的。$[P_{4,4,4,14}][MeSO_4]$ 处理煤在 $100\sim200\ ℃$ 之间的失重速率明显加快,并在 $200\ ℃$ 后其失重量超过了未处理煤的,不过从图 4-9(b)可知,该煤样在高温段的失重又开始小于原煤

的,并随着温度升高与原煤的失重量差距明显加大,说明该煤样的低温氧化活性较强而高温氧化活性则明显减弱。对于其他 4 种煤样,$[P_{4,4,4,2}][DEP]$ 处理煤的热失重量最小,其次为 $[P_{6,6,6,14}][Bis]$ 处理煤、$[P_{4,4,4,1}][MeSO_4]$ 处理煤的热失重量。$[P_{6,6,6,14}][N(CN)_2]$ 处理煤在整个温度范围内的失重过程与未处理煤的相差不大,说明该煤样的氧化活性变化不大。图 4-9(c) 所示的 4 种离子液体处理煤中,除了 $[P_{6,6,6,14}]Cl$ 处理煤只在 $100{\sim}175$ ℃ 范围内的失重量略小于未处理煤的外,其他 3 种离子液体处理煤在 $25{\sim}250$ ℃ 整个温度范围内的失重量均不同程度的小于未处理煤的。从图 4-9(d) 可知,这 4 种离子液体处理煤在高于 325 ℃ 的温度范围内的失重与未处理煤的相差不大,说明这些离子液体对煤样的低温和高温氧化活性的影响均较弱。

图 4-10 显示了各煤样的热失重速率曲线。由图 4-10 可以看出,各曲线间的变化趋势相似。随着温度升高,尤其是在 225 ℃ 之后,离子液体处理煤样的失重速率绝对值开始不同程度地小于未处理煤的。其中 $[P_{4,4,4,2}][DEP]$ 处理煤的失重速率显著减缓,说明该煤样氧化反应速率明显减弱。

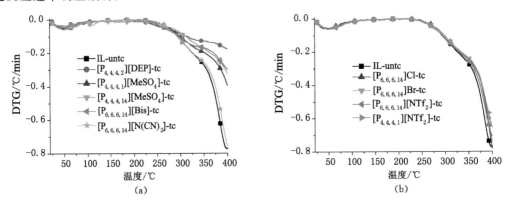

图 4-10　季鏻盐类离子液体处理煤和未处理煤的热失重曲线结果
(a) $25{\sim}250$ ℃ 范围内的 DTG 结果;
(b) $250{\sim}400$ ℃ 范围内的 DTG 结果

以各煤样在 125 ℃ 时的重量为基准计算了 $125{\sim}400$ ℃ 范围内的热失重变化量($W_{(125{\sim}400)℃}$),以此为主要评价参数来进一步分析比较了不同煤样间的热失重结果差异,同时比较了各离子液体处理煤的 $W_{(125{\sim}400)℃}$ 相对于未处理煤 $W_{(125{\sim}400)℃}$ 的减少程度 $\triangle W_{(125{\sim}400)℃}$,其结果见表 4-3。

从表 4-3 可以看出,相对于未处理煤在 $125{\sim}400$ ℃ 范围内的失重量,减小程度最大的 4 种煤样是 $[P_{4,4,4,2}][DEP]$ 处理煤、$[P_{4,4,4,14}][MeSO_4]$ 处理煤、$[P_{6,6,6,14}][Bis]$ 处理煤和 $[P_{4,4,4,1}][MeSO_4]$ 处理煤,分别减少了 56.08%、43.05%、41.59% 和 37.05%。前三种煤样中均有残留的离子液体,可见季鏻盐类离子液体的存在有利于减弱煤的氧化活性(见图 4-9)。不过 $[P_{4,4,4,14}][MeSO_4]$ 处理煤的低温氧化活性仍然很高,因此从整个氧化过程来看,该离子液体并不适合用来减弱煤的氧化活性。$W_{(125{\sim}400)℃}$ 值减小程度最小的两种煤样是 $[P_{6,6,6,14}][NTf_2]$ 处理煤和 $[P_{6,6,6,14}][N(CN)_2]$

表 4-3　　　季膦盐类离子液体处理煤和未处理煤的 $W_{(125\sim400)℃}$ 和 $\triangle W_{(125\sim400)℃}$

煤样	$W_{(125\sim400)}/\%$	$\triangle W_{(125\sim400)℃}/\%$
IL-untc	39.24	0
$[P_{4,4,4,2}][DEP]$-tc	17.24	−56.08
$[P_{4,4,4,14}][MeSO_4]$-tc	22.35	−43.05
$[P_{6,6,6,14}][Bis]$-tc	22.92	−41.59
$[P_{4,4,4,1}][MeSO_4]$-tc	24.70	−37.05
$[P_{6,6,6,14}]Br$-tc	33.22	−15.35
$[P_{4,4,4,1}][NTf_2]$-tc	33.82	−13.82
$[P_{6,6,6,14}]Cl$-tc	34.22	−12.79
$[P_{6,6,6,14}][NTf_2]$-tc	36.09	−8.03
$[P_{6,6,6,14}][N(CN)_2]$-tc	36.32	−7.44

处理煤,说明这两种煤样的高温氧化活性仍然较高,因此这两种离子液体处理对煤氧化活性的影响不大。相应的,$[P_{6,6,6,14}]Br$ 处理煤、$[P_{4,4,4,1}][NTf_2]$ 处理煤、$[P_{6,6,6,14}]Cl$ 处理煤的热失重变化程度也不强烈,因此这三种离子液体对煤氧化活性的影响也不大。

上面系统评价了 9 种离子液体处理对煤氧化活性的减弱效果。依据上述分析发现,离子液体 $[P_{6,6,6,14}][N(CN)_2]$ 的作用最弱,而 $[P_{4,4,4,2}][DEP]$ 的作用最强。这一结果与拉曼光谱结果中 $[P_{4,4,4,2}][DEP]$ 处理煤的有序结构增加程度最大,而无序结构减少最多的结果一致。$[P_{6,6,6,14}][N(CN)_2]$ 处理煤的拉曼光谱结果则正好与 $[P_{4,4,4,2}][DEP]$ 处理煤的结果相反。可见拉曼光谱结果显示的煤中有序无序结构变化与煤氧化活性的强弱变化有很好的一致性,再次证实了拉曼光谱结果的可靠性。对于红外光谱的变化,$[P_{4,4,4,2}][DEP]$ 处理煤对煤中氢键、羰基、醚键的影响也最明显,这对煤样氧化活性的改变有着重要影响。总之,9 种离子液体中 $[P_{4,4,4,2}][DEP]$ 可能是最适于减弱煤氧化活性的。

为了确认上述结果的可靠性,对离子液体处理煤、失重程度最弱的 $[P_{4,4,4,2}][DEP]$ 处理煤以及失重程度最强的 $[P_{6,6,6,14}][N(CN)_2]$ 处理煤进行了氧化气体产物检测,其检测结果如图 4-11 所示。图 4-11 给出了 H_2O、CO、CO_2 出现的温度范围和质谱信号强度。

从图 4-11(a)和(b)中可以看出,煤中的水分质谱峰有两个,分别在 25～125 ℃ 和 125～275 ℃ 温度范围内出现。第一个温度范围 25～125 ℃ 出现的水分峰主要是来源于煤中所含的自由水以及氢键结合水。这个水分峰的出现也证实了以 125 ℃ 为起始点分析 125～400 ℃ 范围内的煤样失重量变化来比较消除水分影响后不同煤样间氧化活性的强弱是合理的。很明显,三种煤样的质谱峰左侧几乎一致,但右侧互不相同。$[P_{6,6,6,14}][N(CN)_2]$ 处理煤的峰形比未处理煤的更宽大,而 $[P_{4,4,4,2}][DEP]$ 处理煤的峰则明显小于未处理煤的。这与 $[P_{4,4,4,2}][DEP]$ 对煤中氢键结合水的破坏使得水分提前散失有关,因而此处水分峰较小。而 $[P_{6,6,6,14}][N(CN)_2]$ 处理煤对煤中水分影响不大,甚至增加了煤中的水分含量,增加的部分可能是该煤样低温氧化活性较强生成更多水分所致。第二个温度范围 125～275 ℃ 之间的水分峰主要是源于煤中活性结构的氧化。两个离子液体处理煤的水分峰位置均明显延迟,且 $[P_{4,4,4,2}][DEP]$ 处理煤延迟的更多,水分峰更小,证实了 $[P_{4,4,4,2}][DEP]$ 处理煤的氧化活性要明显弱于 $[P_{6,6,6,14}][N(CN)_2]$ 处理煤的。图 4-11(c)中给出了 CO 产物的质谱峰,两离子液体处理煤的谱峰强度相同,但 $[P_{4,4,4,2}][DEP]$ 处理煤的谱峰要明显比 $[P_{6,6,6,14}][N(CN)_2]$ 处理煤的窄,也即

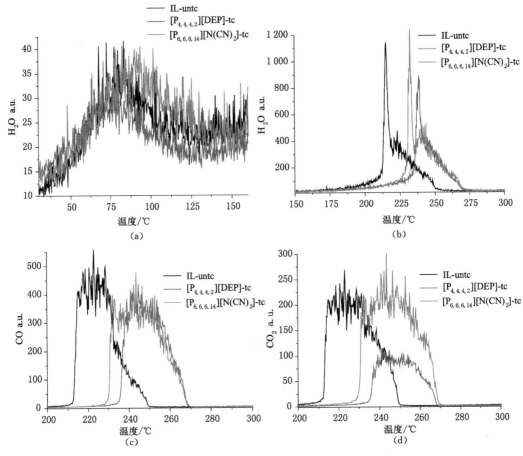

图 4-11　未处理煤和[P$_{4,4,4,2}$][DEP]、[P$_{6,6,6,14}$][N(CN)$_2$]处理煤的指标气体

(a) 25～160 ℃范围内的水分质谱峰；(b) 150～300 ℃范围内的水分质谱峰；

(c) 200～300 ℃范围内的 CO 质谱峰；(d) 200～300 ℃范围内的 CO$_2$ 质谱峰

[P$_{4,4,4,2}$][DEP]处理煤的 CO 谱峰出现的温度位置比[P$_{6,6,6,14}$][N(CN)$_2$]处理煤的要高,但二者的 CO 谱峰结束的温度位置相差不大;说明[P$_{4,4,4,2}$][DEP]处理煤中生成 CO 的结构要明显少于[P$_{6,6,6,14}$][N(CN)$_2$]处理煤的。图 4-11(d)中给出了 CO$_2$ 产物的质谱峰,其中[P$_{6,6,6,14}$][N(CN)$_2$]处理煤的谱峰温度位置有提高,但强度和峰宽与未处理煤的相差不大。[P$_{4,4,4,2}$][DEP]处理煤的峰形明显减少,指示了其氧化活性的明显减弱。

总体来看,[P$_{4,4,4,2}$][DEP]处理煤生成的氧化气体产物较少,而[P$_{6,6,6,14}$][N(CN)$_2$]处理煤的氧化气体产物较多,不过仍略低于离子液体未处理煤的。

4.5　离子液体处理煤热重结果验证

为了验证 TGA 实验结果的可靠性,选取 4 种离子液体处理煤样进行了重复性实验,并比较了 $W_{(125～400℃)}$ 指标值之间的偏差。从图 4-12 和表 4-4 中可以看出,同一煤样的两次热重曲线间的差异不大。虽然表 4-4 中的指标值有波动,但两次实验结果的偏差范围较小,在

0.388%～2.893%之间,且两次结果的均值在表 4-3 中的排序仍然不变,说明实验结果具有较好的重复性,分析结果是可信的。

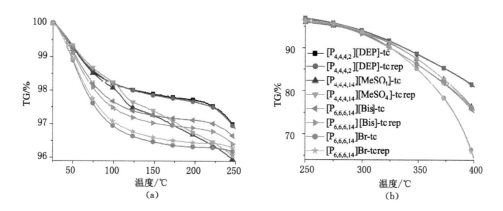

图 4-12　季膦盐类离子液体处理煤的重复性热重结果

(a) 25～250 ℃范围内的热失重结果;(b) 250～400 ℃范围内的热失重结果

表 4-4　　　　　　　　　季膦盐类离子液体处理煤的重复性 $W_{(125～400)}$ ℃ 结果

煤样	$W_{(125～400 ℃)}$ /%	偏差/%
$[P_{4,4,4,2}][DEP]$-tc	17.24	0.39
$[P_{4,4,4,2}][DEP]$-tc rep	17.30	
$[P_{4,4,4,14}][MeSO_4]$-tc	22.92	2.89
$[P_{4,4,4,14}][MeSO_4]$-tc rep	22.26	
$[P_{6,6,6,14}][Bis]$-tc	22.35	1.12
$[P_{6,6,6,14}][Bis]$-tc rep	22.60	
$[P_{6,6,6,14}]Br$-tc	33.22	1.55
$[P_{6,6,6,14}]Br$-tc rep	33.73	

本章在样品准备过程中使用了有机溶剂 DCM,其对煤的氧化热失重过程可能会产生一定的影响,因此为了确认在使用 DCM 溶剂条件下得到的不同离子液体对煤氧化活性影响结果的可靠性,下面进一步分析了蒸馏水洗涤样品的热重实验结果。图 4-13 给出了 2 种亲水性离子液体 $[P_{4,4,4,1}][MeSO_4]$ 处理煤、$[P_{4,4,4,2}][DEP]$ 处理煤与水洗原煤的热重结果。

根据图 4-13,3 种煤样呈相似的热失重趋势,但离子液体处理煤的热失重趋势明显减缓,且在 400 ℃时的失重量明显减少,说明离子液体处理对煤氧化活性的减弱作用很明显。表 4-5 列出了各煤样的评价指标值 $W_{(125-400)}$ ℃ 和 $\triangle W_{(125-400)}$ ℃。

从表 4-5 可以看出,在消除有机溶剂 DCM 的影响后,两种亲水性离子液体的处理使煤样在 125～400 ℃范围内的失重相比未处理煤的分别减少了 44.38% 和 42.89%;水洗离子液体处理对煤样的氧化活性减弱效果仍然非常明显。

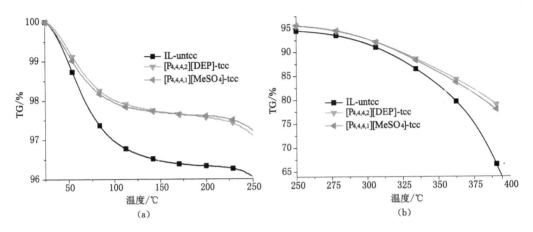

(a)　　　　　　　　　　　　　(b)

图 4-13　水洗季鏻盐类离子液体处理煤和未处理煤的热重结果

(a) 25～250 ℃范围内的 TG 结果；(b) 250～400 ℃范围内的 TG 结果

表 4-5　　水洗季鏻盐类离子液体处理煤和未处理煤的 $W_{(125～400)℃}$ 和 $\triangle W_{(125～400)℃}$

煤样	$W_{(125～400)℃}/\%$	$\triangle W_{(125～400)℃}/\%$
IL-untcc	33.98	0
$[P_{4,4,4,2}][DEP]$-tcc	18.90	-44.38
$[P_{4,4,4,1}][MeSO_4]$-tcc	19.41	-42.89

图 4-14 给出了这两种处理煤样与未处理煤样的红外光谱图。从图 4-14 可以看出，离子液体处理煤中的氢键谱峰明显减弱，说明这两种离子液体能有效破坏煤中的氢键结构；同时这两个处理煤中的羰基谱峰较明显，说明煤中羰基结构的增加。这些结果与 DCM 溶剂洗涤的结果一致。

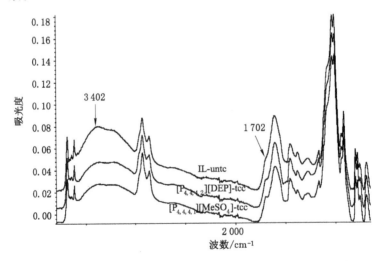

图 4-14　水洗季鏻盐类离子液体处理煤和未处理煤的 FTIR 光谱图

根据第 3 章研究结果，经咪唑类离子液体$[HOEtMIm][BF_4]$、$[HOEtMIm][NTf_2]$处

理后,煤样的氧化活性明显减弱。因此比较了这两种咪唑类离子液体与本章发现的效果较强的两种季膦盐类离子液体[$P_{4,4,4,2}$][DEP]、[$P_{4,4,4,1}$][$MeSO_4$]对煤氧化热失重特性的影响。表 4-6 列出了这 4 种煤样在 $125 \sim 400\ ℃$ 范围内的热失重变化量和相对减少量。

表 4-6　　　　咪唑类和季膦盐类离子液体处理煤的 $W_{(125 \sim 400)\ ℃}$、$\triangle W_{(125 \sim 400)\ ℃}$ 比较

煤样	$W_{(125 \sim 400)\ ℃}$ /%	$\triangle W_{(125 \sim 400)\ ℃}$ /%
[$P_{4,4,4,2}$][DEP]-tcc	18.90	−44.38
[$P_{4,4,4,1}$][$MeSO_4$]-tcc	19.41	−42.89
[HOEtMIm][BF_4]-tc	24.85	−33.45
[HOEtMIm][NTf_2]-tc	28.39	−23.96

根据表 4-6 可知,相对于季膦盐类离子液体,咪唑类离子液体处理煤在 $125 \sim 400\ ℃$ 范围内的失重量均较小,说明咪唑类离子液体虽然对煤的氧化活性有明显减弱作用,但其作用效果要明显弱于季膦盐类离子液体的。可见,季膦盐类离子液体[$P_{4,4,4,2}$][DEP]、[$P_{4,4,4,1}$][$MeSO_4$]仍然是目前研究的所有离子液体中对煤氧化活性减弱效果更强的离子液体。

4.6　离子液体处理煤升温红外光谱结果分析

为了探究不同煤样氧化活性差异的本质原因,图 4-15 至图 4-18 分别显示了离子液体未处理煤和[$P_{4,4,4,2}$][DEP]处理煤、[$P_{4,4,4,14}$][$MeSO_4$]处理煤、[$P_{4,4,4,1}$][$MeSO_4$]处理煤在不同温度下的红外光谱图。依据图 4-15 至图 4-18 可以分析不同氧化活性煤中官能团的变化差异。所有谱图均以 $800\ cm^{-1}$ 和 $780\ cm^{-1}$ 处的谱峰为参考进行校准显示。

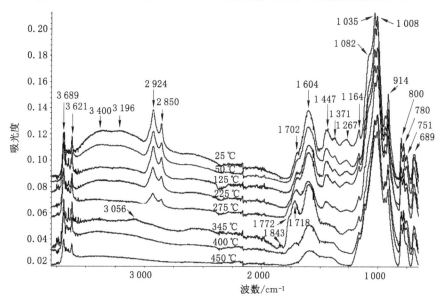

图 4-15　季膦盐类离子液体未处理煤在不同温度下的 FTIR 谱图

从图 4-15 可以看出,随着氧化温度升高,煤的红外光谱图中除了 3 800～3 600 cm^{-1} 和 1 200～650 cm^{-1} 范围内的谱峰变化不明显外,其他区域的谱峰出现不同程度的变化。3 600～3 100 cm^{-1} 范围内的氢键谱峰在 25～125 ℃范围内变化较明显,此后变化不明显,说明氢键的低温氧化活性较强,氢键主要在低温段被消耗。脂肪烃官能团区的谱峰(3 000～2 800 cm^{-1}、1 447 cm^{-1}、1 371 cm^{-1})随温度升高持续减弱,至 345 ℃时完全消失,说明这些基团的中低温氧化活性较强,不过相对于活跃的氢键较稳定。羰基伸缩振动区(1 850～1 650 cm^{-1})的变化很明显。随着温度升高,1 702 cm^{-1} 处的羰基谱峰一直增加,并在 275 ℃ 出现了明显的 1 772 cm^{-1} 处的芳香酯类羰基肩峰,接着在 345 ℃时又出现了 1 843 cm^{-1} 处的酸酐类羰基新峰,同时 1 702 cm^{-1} 处的谱峰红移至 1 715 cm^{-1} 附近,说明不同羰基类型间发生反应和转化。当温度达到 400 ℃时,1 850～1 650 cm^{-1} 范围内的羰基谱峰明显减弱,并在 450 ℃时几乎消失,说明这些结构被大量消耗,该阶段也是煤最大热失重速率出现后的阶段,说明进入了燃烧阶段。1 604 cm^{-1} 处的芳香 C＝C 结构谱峰一直较稳定,直至 400 ℃时明显减小,说明高温段煤的主体结构开始参与反应被消耗。另外 3 070 cm^{-1} 处的芳烃 C—H 谱峰在 345 ℃较明显,说明随着氧化程度加深,煤样的芳香度增加,这归因于脂肪烃类结构的减少,使得煤结构相对更有序,但是高温环境使得其反应活性仍然很高。因此芳香结构从 400 ℃开始明显减弱。1 267 cm^{-1} 处的醚键峰先逐渐减少,到 345 ℃时又有所增加,但在 400 ℃和 450 ℃又消失,说明醚键结构生成和消耗的反应始终存在,也说明醚键结构的中低温氧化性较稳定。上述谱峰的变化说明羟基和脂肪烃结构是中低温阶段煤中最活跃的反应点,其氧化反应的结果生成了醛、酮、酯、羧酸以及酸酐类等羰基结构。在煤的最大燃烧速率阶段(>400 ℃),这些羰基结构开始大量被消耗,同时煤中的芳香结构也开始剧烈反应,煤中的主要活性官能团谱峰均消失。

图 4-16 显示了 [P$_{4,4,4,2}$][DEP] 处理煤在不同氧化温度下的 FTIR 谱图。与原煤相比,3 600～3 100 cm^{-1} 范围内的氢键谱峰在 25～125 ℃范围内变化明显,这与原煤的类似。3 000～2 800 cm^{-1} 范围内的脂肪烃官能团谱峰持续减少,直到 450 ℃时才几乎消失,这一变化趋势通过 1 447 cm^{-1}、1 371 cm^{-1} 处的谱峰变化也可以进一步证实,这与原煤中的脂肪烃官能团谱峰在 345 ℃就已经消失的结果明显不同,说明脂肪烃官能团的氧化反应被抑制或延迟。羰基伸缩振动区(1 850～1 650 cm^{-1}),1 772 cm^{-1} 处的芳香酯类羰基肩峰在 225 ℃就显现,比原煤的 275 ℃提前出现,不过 1 843 cm^{-1} 处的酸酐类羰基新峰和 1 702 cm^{-1} 处的羰基谱峰红移至 1 715 cm^{-1} 的现象仍同原煤的一样,是在 345 ℃时出现的。400 ℃时,1 850～1 650 cm^{-1} 范围内的羰基谱峰仍然很明显。450 ℃时,羰基和芳香烃谱峰开始下降,但谱峰仍很明显,而此时未处理煤中的羰基谱峰几乎消失,这说明了 [P$_{4,4,4,2}$][DEP] 处理煤中羰基结构的变化明显滞后于同温度下未处理煤中的。1 267 cm^{-1} 处的醚键峰一直存在,说明煤样中醚键结构较稳定。值得注意的是:1 035 cm^{-1} 处的谱峰随温度升高一直减弱,1 008 cm^{-1} 处的谱峰则逐渐显现。这与煤中残留离子液体的逐渐分解有一定的关系。另外 275 ℃时 1 085 cm^{-1} 处的谱峰强度最明显,之后又消失。

图 4-17 显示了 [P$_{4,4,4,14}$][MeSO$_4$] 处理煤在不同氧化温度下的 FTIR 谱图。与原煤相比,3 600～3 100 cm^{-1} 范围内的氢键谱峰在 25～125 ℃范围内变化明显,这与原煤的类似。其中 3 402 cm^{-1} 处明显的氢键谱峰在 125 ℃时不再出现,再次验证了这些氢键结构的低温氧化活性较高,这也是该煤样低温氧化失重加速的主要原因。3 000～2 800

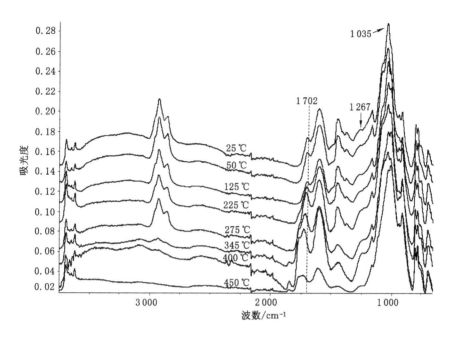

图 4-16　[P$_{4.4.4.2}$][DEP]处理煤在不同温度下的 FTIR 谱图

cm^{-1}、1 447 cm^{-1}、1 371 cm^{-1} 处的脂肪烃官能团谱峰在 345 ℃消失，与未处理煤类似的。羰基伸缩振动区(1 850～1 650 cm^{-1})中，1 772 cm^{-1} 处芳香酯类羰基肩峰和 1 843 cm^{-1} 处酸酐类羰基出现的温度以及 1 702 cm^{-1} 处谱峰红移至 1 715 cm^{-1} 处的温度均与原煤一致。不过 400 ℃时，1 850～1 650 cm^{-1} 范围内的羰基谱峰仍然很明显，与[P$_{4.4.4.2}$][DEP]处理煤类似，[P$_{4.4.4.14}$][MeSO$_4$]处理煤变化滞后于原煤的。但 450 ℃时羰基和芳香烃谱峰明显下降，其减弱程度明显大于[P$_{4.4.4.2}$][DEP]处理煤的。这些活性结构的反应是该煤样氧化活性高于[P$_{4.4.4.2}$][DEP]处理煤的主要原因。1 267 cm^{-1} 处的醚键峰在 400 ℃时也几乎消失。值得注意的是：1 100～1 000 cm^{-1} 之间的矿物质醚键谱峰在 275 ℃时明显减弱，此后又开始增强，同时 1 085 cm^{-1} 处的醚键峰较明显。这一变化与[P$_{4.4.4.2}$][DEP]处理煤的变化类似，而与未处理煤的不同。由此可见该温度下煤中的矿物质醚键有部分参与了氧化反应。

　　图 4-18 显示了[P$_{4.4.4.1}$][MeSO$_4$]处理煤在不同氧化温度下的 FTIR 谱图。3 600～3 100 cm^{-1} 范围内的氢键谱峰在 25～225 ℃范围内变化明显，这与原煤的类似。3 000～2 800 cm^{-1}、1 447 cm^{-1}、1 371 cm^{-1} 处的脂肪烃官能团 345 ℃仍有微弱的谱峰，而原煤在此时消失，说明[P$_{4.4.4.1}$][MeSO$_4$]处理煤的氧化程度弱于原煤的。羰基伸缩振动区(1 850～1 650 cm^{-1})中，1 772 cm^{-1} 处芳香酯类羰基肩峰和 1 843 cm^{-1} 处酸酐类羰基出现的温度以及 1 702 cm^{-1} 处谱峰红移至 1 715 cm^{-1} 处的温度均与原煤的一致。不过 400 ℃时，1 850～1 650 cm^{-1} 范围内的羰基谱峰仍然很明显，延迟于原煤。450 ℃时羰基和芳香烃谱峰急剧下降，减弱程度明显大于[P$_{4.4.4.2}$][DEP]处理煤的。羰基结构的变化明显延迟于原煤中的变化。1 267 cm^{-1} 处的醚键峰在 345 ℃几乎消失。另外 1 035 cm^{-1}、1 008 cm^{-1} 处的矿物质醚键谱峰在 125 ℃、225 ℃明显减弱，同时 1 085 cm^{-1} 处的饱和醚

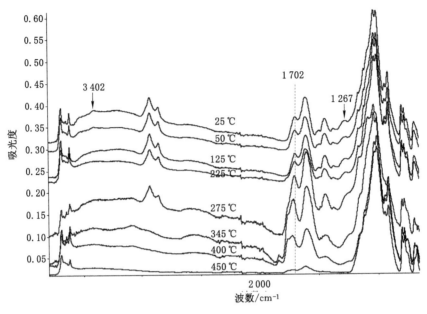

图 4-17　$[P_{4,4,4,14}][MeSO_4]$ 处理煤在不同温度下的 FTIR 谱图

键谱峰增强,之后 1 035 cm^{-1}、1 008 cm^{-1} 处的矿物质醚键谱峰又增强而 1 085 cm^{-1} 处的谱峰消失,可见该阶段饱和醚键生成的反应是煤样低温氧化活性减弱的主要原因。不过这一变化在 $[P_{4,4,4,2}][DEP]$ 处理煤和 $[P_{4,4,4,14}][MeSO_4]$ 处理煤中出现的温度是 275 ℃,由此可见 1 085 cm^{-1} 处醚键的生成是增强煤氧化稳定性的主要原因之一。

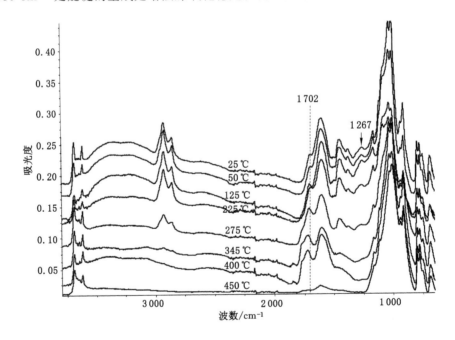

图 4-18　$[P_{4,4,4,1}][MeSO_4]$ 处理煤在不同温度下的 FTIR 谱图

　　总之,与未处理煤相比,离子液体处理煤最显著的光谱差异是在 345 ℃时,如图 4-19 所示。在 345 ℃时,[P$_{4,4,4,2}$][DEP]处理煤、[P$_{4,4,4,1}$][MeSO$_4$]处理煤在 3 000～2 800 cm^{-1} 范围内的脂肪烃吸收峰仍然较强,说明 345 ℃时这两个煤样中的脂肪烃结构依然存在,预示了氧化程度的减弱。[P$_{4,4,4,2}$][DEP]处理煤的脂肪烃吸收更强,说明[P$_{4,4,4,2}$][DEP]处理煤的氧化稳定性要强于[P$_{4,4,4,1}$][MeSO$_4$]处理煤的,这与[P$_{4,4,4,2}$][DEP]处理煤的失重量明显小于[P$_{4,4,4,1}$][MeSO$_4$]处理煤的结果一致。对于[P$_{4,4,4,14}$][MeSO$_4$]处理煤,3 000～2 800 cm^{-1} 之间的谱峰在此时则几乎消失。

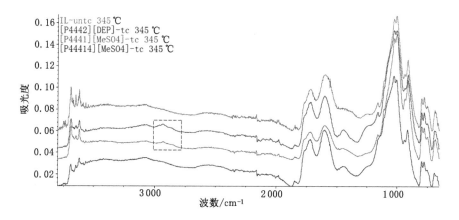

图 4-19　[P$_{4,4,4,2}$][DEP]处理煤、[P$_{4,4,4,14}$][MeSO$_4$]处理煤、
[P$_{4,4,4,1}$][MeSO$_4$]处理煤在 345 ℃时的 FTIR 谱图

　　在 400 ℃时(如图 4-20 所示),1 850～1 700 cm^{-1} 的羰基带吸收在离子液体未处理煤中明显减弱,而在[P$_{4,4,4,2}$][DEP]处理煤、[P$_{4,4,4,1}$][MeSO$_4$]处理煤、[P$_{4,4,4,14}$][MeSO$_4$]处理煤中仍有很强的吸收峰。这一结果说明离子液体处理影响了煤中羰基的氧化反应历程,使其氧化反应过程被抑制或延迟。这是离子液体处理煤氧化反应活性减弱的主要原因之一。另外,400 ℃时 1 050～1 000 cm^{-1} 范围内的矿物质吸收峰在[P$_{4,4,4,2}$][DEP]处理煤中明显增宽,主要是 1 085 cm^{-1} 处饱和醚键谱峰的贡献。根据 3 800～3 600 cm^{-1} 范围内矿物质氢键峰的明显减弱,说明此时煤中以羰基分解为主的反应转变为以醚键生成为主,这也证实了煤中饱和醚键的生成有利于煤氧化活性的减弱与延迟。

　　其他学者对阻化剂抑制煤氧化进程的实验研究[110]也得到了类似的实验结果,即煤中醚键的生成有利于提高煤的氧化稳定性。基于煤中活性基团的氧化反应变化历程[5,63,90],推测煤中羰基、醚键的反应历程由于离子液体的处理而发生了改变,如图 4-21 所示。煤中氢键的主要反应不再是氧化脱水生成羰基结构(路径①),而是由于离子液体处理使得羟基中的 O—H 键离解能降低,因而 O—H 键的断裂成为主要反应过程(路径②),并进一步生成了醚键结构。

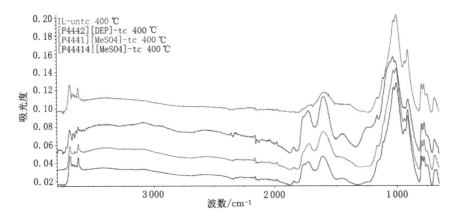

图 4-20　[P$_{4,4,4,2}$][DEP]处理煤、[P$_{4,4,4,14}$][MeSO$_4$]处理煤、
[P$_{4,4,4,1}$][MeSO$_4$]处理煤在 400 ℃时的 FTIR 谱图

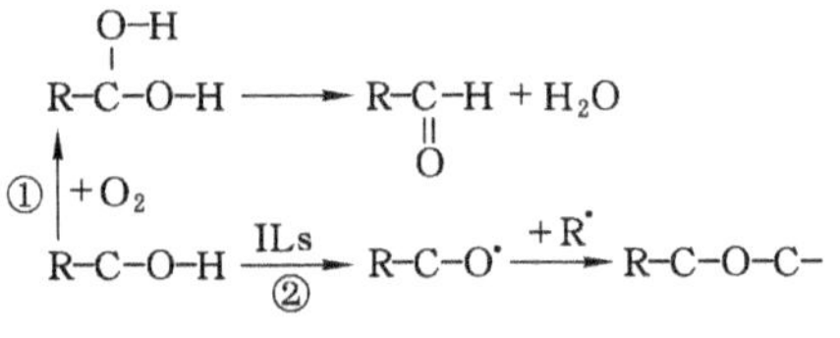

图 4-21　离子液体处理煤中羟基、羰基和醚键的氧化反应历程

4.7　本章小结

本章分析比较了 9 种季膦盐类离子液体[P$_{6,6,6,14}$]Cl、[P$_{6,6,6,14}$]Br、[P$_{6,6,6,14}$][Bis]、[P$_{6,6,6,14}$][N(CN)$_2$]、[P$_{6,6,6,14}$][NTf$_2$]、[P$_{4,4,4,1}$][MeSO$_4$]、[P$_{4,4,4,2}$][DEP]、[P$_{4,4,4,14}$][MeSO$_4$]和[P$_{4,4,4,1}$][NTf$_2$]对褐煤进行处理后，褐煤氧化特性的变化。

（1）9 种季膦盐类离子液体处理对煤的微观化学结构有一定的影响。拉曼光谱结果显示离子液体处理后煤的有序度增加，无序结构含量相对减少，表明煤的化学结构稳定性有一定的增强。红外光谱结果揭示离子液体的作用使得煤中氢键不同程度的减少，但羰基结构出现不同变化。对煤中氢键谱峰减弱程度最大的 3 个离子液体是[P$_{4,4,4,2}$][DEP]、[P$_{6,6,6,14}$][Bis]和[P$_{4,4,4,1}$][MeSO$_4$]。羰基结构增加明显的是[P$_{4,4,4,14}$][MeSO$_4$]处理煤、[P$_{4,4,4,2}$][DEP]处理煤、[P$_{4,4,4,1}$][MeSO$_4$]和[P$_{6,6,6,14}$]Cl 处理煤，其他煤样变化不明显。两类基团的变化与离子液体对煤中氢键的破坏，以及之后羟基基团与离子液体部分新氢键的形成，使得氢键分布发生了改变有主要关系。褐煤中部分氢键的形成有羧基的参与，所以羰基的增加主要是由于离子液体破坏羧基缔合氢键后释放出部分游离羧羰基所致。

（2）热重实验结果显示离子液体处理能显著减弱煤的氧化活性，其中[P$_{4,4,4,2}$][DEP]的作用最强，而[P$_{6,6,6,14}$][N(CN)$_2$]的作用最弱。这一结果与拉曼光谱结果中显示的煤样有序无序结构变化的结果一致。重复性实验和不同溶剂的实验结果也验证了"[P$_{4,4,4,2}$][DEP]减弱煤的氧化活性的作用效果最强"这一结论的可靠性。通过与第 3 章中效果较强的咪唑类离子液体[HOEtMIm][BF$_4$]、[HOEtMIm][NTf$_2$]的热重实验结果相比，确定出效果更好的离子液体仍是$[P_{4,4,4,2}][DEP]$。

（3）不同氧化温度下的红外光谱结果显示离子液体处理能显著延迟煤中活跃羰基结构的反应，同时促进稳定羰基结构的生成，这有利于延迟煤的氧化进行。另外，煤中醚键的反应路径也发生了变化，较多稳定醚键结构的生成，有利于提高煤的热稳定性。这些活性基团氧化反应历程的变化是煤氧化活性发生改变的主要微观机理。

第5章 离子液体添加剂影响煤氧化特性实验研究

基于第3章和第4章的分析结果,离子液体与煤的相互作用能够改变煤中官能团的分布,并进一步减弱煤的氧化活性,且不同的离子液体对煤氧化活性的减弱效果不同。本章将进一步通过热重、红外光谱和质谱实验分析研究离子液体作为阻化剂对煤氧化过程的减弱作用,也即在煤中添加一定比例的离子液体,研究混合物的氧化特性变化,为离子液体阻化剂的工业性应用提供初步的研究成果。

5.1 实 验 部 分

5.1.1 实验材料

实验所用煤样为褐煤、烟煤和无烟煤。煤样粒度为 $150\sim250~\mu m$。

实验用离子液体添加剂为4种季膦类离子液体 $[P_{4,4,4,2}][DEP]$、$[P_{4,4,4,1}][MeSO_4]$、$[P_{6,6,6,14}][Bis]$、$[P_{6,6,6,14}]Cl$ 以及1种常规阻化剂 $CaCl_2$。

原煤样制备:将新鲜煤块粉碎、研磨并进行筛分,获取粒径为 $150\sim250~\mu m$ 的样品,然后利用真空干燥箱对样品颗粒进行室温真空干燥 24 h 后装于棕色磨口瓶内密封保存备用。

离子液体添加剂褐煤煤样的制备:先将 10 mg 离子液体溶于 10 mL DCM 中,然后向混合液中加入 190 mg 煤样,混合均匀后置于室温下。待 DCM 完全蒸发后,得到含质量分数为 5% 的离子液体添加样品。采用同样的方法制备了含 5% $CaCl_2$ 的阻化样品。同时制备了原煤对比样,即只在 190 mg 煤样中混合 10 mL DCM。最终得到一种原煤对比样(0% IL)、4种离子液体添加样(5% IL)以及一种 $CaCl_2$ 阻化样(5% $CaCl_2$),用于热重分析测试和红外光谱测试。

不同离子液体添加比例褐煤煤样的制备:采用与上述同样的方法制备了含不同质量分数(0.5%、2%、5%、8%)的 $[P_{4,4,4,2}][DEP]$ 添加样,以分析不同离子液体用量对煤氧化特性的影响。由于 $[P_{4,4,4,2}][DEP]$ 是亲水性离子液体,因此制备含不同质量分数的 $[P_{4,4,4,2}][DEP]$ 添加样品时利用蒸馏水对样品进行充分混合。混合后真空干燥。制备好的样品用于热重分析测试。

离子液体添加剂烟煤和无烟煤煤样的制备:采用与上述同样的方法利用蒸馏水分别制备了原煤对比样和含 5% 离子液体的添加样,用于热重分析测试。

5.1.2 测试方法

(1) 热重分析测试

测试仪器为瑞士 Mettler Toldedo 公司的 TGA/DSC1 热重分析仪(见图 2-2)。样品测试质量为 $3\sim6$ mg。实验时在 5 ℃/min 的升温速率下由室温 25 ℃升至 400 ℃。采用较低的升温速率可以消除样品的热滞后现象。测试气氛环境为干空气,气体流量为 50 cm³/min。采用同样的测试条件对 4 种离子液体也进行了热重测试。所有测试的数据结果利用 Origin 8 Pro 软件进行整理分析。

（2）红外光谱测试

对原煤对比样(0% IL)和含 5%[P$_{4,4,4,2}$][DEP]的褐煤煤样进行了不同温度下(25 ℃、50 ℃、125 ℃、225 ℃、275 ℃、345 ℃、400 ℃和 450 ℃)的 FTIR 图谱测试。不同温度下的红外光谱用样品利用水平管式加热炉(Carbolite MTF 1200 DegC)和供气系统组成的氧化设备(见图 2-4)进行制备。制备时将 20 mg 样品放入石英舟,并连接好加热炉的供气管路,控制空气流量为 100 mL/min,在 5 ℃/min 的升温速率下从室温(25 ℃)分别升温至 50 ℃、125 ℃、225 ℃、275 ℃、345 ℃、400 ℃和 450 ℃。每次升温结束后将反应管取出并在氮气保护下降至室温后进行红外光谱测试。

（3）TPO-MS 测试

对原煤对比样(0% IL)、含 5%[P$_{4,4,4,2}$][DEP]的褐煤煤样以及含 5% CaCl₂ 的褐煤煤样进行了 TPO-MS 测试。测试设备为英国贝尔法斯特女王大学化学与化工学院的 TPO-MS 系统(见图 4-2)。测试时,样品质量为 50 mg,气氛为氧气体积百分比为 21 % 的氧气/氩气/氮气混合气体,气体流量为 50 cm³/min,升温速率为 10 ℃/min,升温范围为 30~400 ℃。测试数据包括 4 种不同质荷比的信号:18(H₂O)、28(CO)、44(CO₂)和 84(Kr)。结果的量化分析以氪气(Kr)信号为基准进行标准化处理,最终得到 3 种气体产物(H₂O、CO、CO₂)的质荷比信号用于比较分析结果。

5.2　含不同离子液体添加剂褐煤煤样热重结果分析

图 5-1 显示了含不同添加剂煤样的热重结果。与原煤对比样(0% IL)相比,实验结束时含离子液体添加剂煤样和含 CaCl₂ 煤样的失重量均小于不含添加剂的煤样的失重量。但这些煤样在整个氧化过程中表现出不同的失重趋势,其中 5%[P$_{6,6,6,14}$][Bis]煤样约在 230 ℃后失重加快并超过了原煤的。CaCl₂ 阻化样的初始失重程度很大且明显超过原煤对比样的,这主要与 CaCl₂ 的强吸水性有关,使得初始失重量由于 CaCl₂ 中的含水量较多因而表现出很大的失重量。

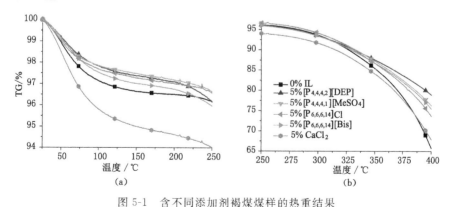

图 5-1　含不同添加剂褐煤煤样的热重结果

(a) 25~250 ℃范围内的 TG 结果;(b) 250~400 ℃范围内的 TG 结果

为了消除水分的影响,表 5-1 比较了各煤样在 $125\sim400$ ℃ 范围内的失重量。从表 5-1 中不难看出,各类添加剂的存在均不同程度地减弱了煤的氧化失重量,且离子液体添加剂的作用效果均比 $CaCl_2$ 的要好,其中减弱程度最大、效果最强的是 $[P_{4,4,4,2}][DEP]$。

表 5-1　　　　含不同添加剂褐煤煤样的各煤样 $W_{(125\sim400)℃}$ 和 $\triangle W_{(125\sim400)℃}$

煤样	$\triangle W_{(125\sim400)}/\%$	$\triangle W_{(125\sim400)℃}/\%$
0% IL	32.07	0
5% $[P_{4,4,4,2}][DEP]$	19.07	-40.53
5% $[P_{4,4,4,1}][MeSO_4]$	21.86	-31.85
5% $[P_{6,6,6,14}][Bis]$	22.33	-30.37
5% $[P_{6,6,6,14}]Cl$	24.39	-23.94
5% $CaCl_2$	28.73	-10.41

图 5-2 显示了原煤对比样、含 5% $[P_{4,4,4,2}][DEP]$ 的煤样以及含 5% $CaCl_2$ 煤样的气体产物结果。

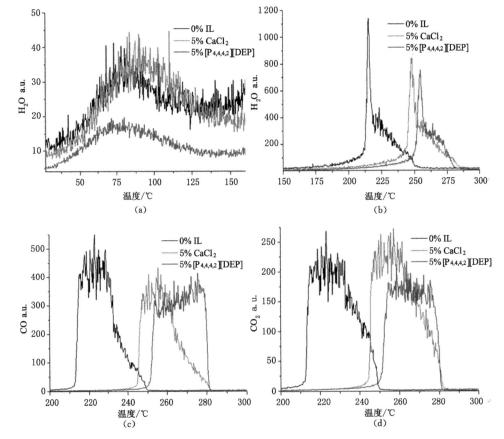

图 5-2　原煤对比样、含 5% $[P_{4,4,4,2}][DEP]$ 煤样以及含 5% $CaCl_2$ 煤样的气体产物结果

(a) $25\sim160$ ℃ 范围内的水分质谱峰;(b) $150\sim300$ ℃ 范围内的水分质谱峰;
(c) $200\sim300$ ℃ 范围内的 CO 质谱峰;(d) $200\sim300$ ℃ 范围内的 CO_2 质谱峰

从图 5-2 可以看出,3 种煤样水分析出峰开始的温度相差不大,但是 5%CaCl$_2$ 煤样的峰要更宽,这与 CaCl$_2$ 中所含的结晶水较多有关。5%[P$_{4,4,4,2}$][DEP]煤样的低温水分峰明显较小,且高温段 200 ℃ 之后的峰也明显减小,说明含 5% [P$_{4,4,4,2}$][DEP]煤样的氧化活性要弱于含 CaCl$_2$ 的。水分主要来源于煤中活性结构的氧化脱水。水分产物的减少与煤中活性结构氧化反应被抑制有直接的关系。碳氧类气体产物的变化与水的变化略有不同,其中含 5% [P$_{4,4,4,2}$][DEP]煤样的 CO 含量要多于含 CaCl$_2$ 煤样的,但其 CO$_2$ 含量则明显少于含 CaCl$_2$ 煤样的,这说明 5% [P$_{4,4,4,2}$][DEP]煤样的羧羰基等活跃羰基结构的氧化反应被明显抑制,因此生成的 CO$_2$ 较少,而稳定羰基结构的生成较多,故产生的 CO 较多。另外从图 5-2(b)、(c)和(d)中可以明显看出,含添加剂煤样的产物谱峰出现的起始温度均明显比原煤的延迟,其中含 CaCl$_2$ 煤样延迟约 30 ℃,含[P$_{4,4,4,2}$][DEP]煤样延迟约 40 ℃。气体产物的生成量和出现的温度均证实了[P$_{4,4,4,2}$][DEP]添加剂阻化煤氧化进程的效果要优于 CaCl$_2$ 的。

5.3 不同离子液体添加剂与煤之间相互作用分析

不同离子液体的热重特性不同,因此含离子液体添加剂煤样的热失重过程必然会受到离子液体本身热重特性的影响。图 5-3 显示了 4 种离子液体的热重结果。热重实验条件与煤样的实验条件相同。

从图 5-3(a)中可知,所有离子液体在 25～100 ℃ 范围内均有不同程度的失重,失重最大的是[P$_{4,4,4,2}$][DEP],失重最小的是[P$_{4,4,4,1}$][MeSO$_4$],[P$_{6,6,6,14}$]Cl 和[P$_{6,6,6,14}$][Bis]的失重居中。由于所用离子液体的纯度均不是 100%,因此该温度段的失重与各离子液体中所含的水分、挥发性杂质等有主要关系。根据表 4-2 可知,[P$_{4,4,4,1}$][MeSO$_4$]的纯度最高,为98.6%,其表现为最少的失重量。[P$_{4,4,4,2}$][DEP]的纯度为 95%,其在 25～100 ℃ 范围内的失重量约 5%。[P$_{4,4,4,1}$][MeSO$_4$]和[P$_{4,4,4,2}$][DEP]在该温度范围内的失重曲线相似,推测该失重主要是由于离子液体中所含水分引起的。[P$_{6,6,6,14}$]Cl 和[P$_{6,6,6,14}$][Bis]的纯度分别为 97.7% 和 93.7%。二者在 25～100 ℃ 表现为稳定的失重趋势,一直到 125 ℃ 之后,[P$_{6,6,6,14}$][Bis]的失重过程仍在继续,这与[P$_{6,6,6,14}$][Bis]中所含挥发性杂质较多有关。[P$_{6,6,6,14}$]Cl 在 125 ℃ 之后转入质量平稳段,说明该离子液体中的挥发性杂质近似挥发完全。

随着温度继续升高,各离子液体均逐渐进入快速热失重阶段。从图 5-3 的(a)和(b)可以看出,[P$_{4,4,4,2}$][DEP]、[P$_{6,6,6,14}$]Cl 和[P$_{6,6,6,14}$][Bis]约从 200 ℃ 开始热失重加快,而[P$_{4,4,4,1}$][MeSO$_4$]相对较晚,约从 225 ℃ 开始热失重加快。在快速热失重阶段,除了[P$_{4,4,4,2}$][DEP]在 300 ℃ 之后变缓外,其他 3 种离子液体均保持快速失重趋势,直至 360 ℃ 之后趋于平缓,预示了这三种离子液体的主要热分解过程基本结束,而[P$_{4,4,4,2}$][DEP]的热分解过程却仍在继续。根据图 5-3(c)中各离子液体的热失重速率曲线可知,[P$_{4,4,4,1}$][MeSO$_4$]中出现了最早的热失重速率峰,约在 270 ℃ 附近,不过峰形很小。其次为[P$_{4,4,4,2}$][DEP],约在 290 ℃ 附近出现了最大热失重速率峰,不过其峰值相对于其他 3 种离子液体是最小的。[P$_{6,6,6,14}$]Cl、[P$_{6,6,6,14}$][Bis]和[P$_{4,4,4,1}$][MeSO$_4$]的最大热失重速率峰出现的温度位置几乎一致,在 335 ℃ 附近,其中[P$_{4,4,4,1}$][MeSO$_4$]的峰值最大。另外,[P$_{4,4,4,2}$][DEP]

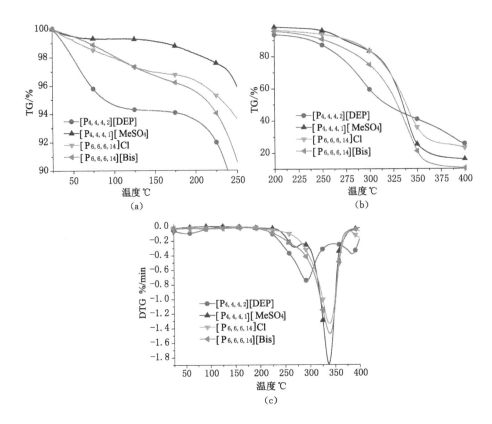

图 5-3　离子液体[$P_{4,4,4,2}$][DEP]、[$P_{4,4,4,1}$][MeSO₄]、
[$P_{6,6,6,14}$][Bis]、[$P_{6,6,6,14}$]Cl 的热重和热失重速率结果
（a）25～250 ℃范围内的 TG 结果；（b）250～400 ℃范围内的 TG 结果；
（c）25～400 ℃范围内的 DTG 结果

在 385 ℃附近出现了第二个热失重速率峰,表示该样品另一个主要热分解过程的存在。综合上述热重分析结果可知,4 种离子液体的热重特性各不相同,其添加对煤样的热重特性必然会产生不同的影响。那么含离子液体添加剂煤样的热失重过程是离子液体与煤分别失重后的代数和结果,还是二者在失重的同时有相互作用的存在而呈现出的结果呢? 添加剂模型就可以用来解决这个问题。

添加剂模型是通过比较同一温度下两种物质混合物的实际失重($W_{实际}$)以及理论失重($W_{理论}$)来评价两种物质之间是否存在相互作用以及相互作用的强弱[202-204]。$W_{理论}$的计算原则是混合物的总失重为同一温度下各个纯组分的失重量与其在混合物中所占百分比的乘积的代数和,可作为比较的基准,其表达形式为 $W_{理论}=X_1W_1+X_2W_2$,其中 X_i 为质量百分比,W_i(wt.％)为纯物质的失重量。25～400 ℃范围内各煤样的 $W_{实际}$ 与 $W_{理论}$ 的比较结果如图 5-4 所示。

从图 5-4 可以明显看出,离子液体添加剂煤样的实际失重均小于理论失重,说明这些离子液体与煤之间确实存在相互作用,且这种作用表现为对煤氧化进程的阻碍作用,不过不同离子液体呈现出不同程度的阻碍作用。各样品在 275 ℃之前的理论失重和实际失重曲线间

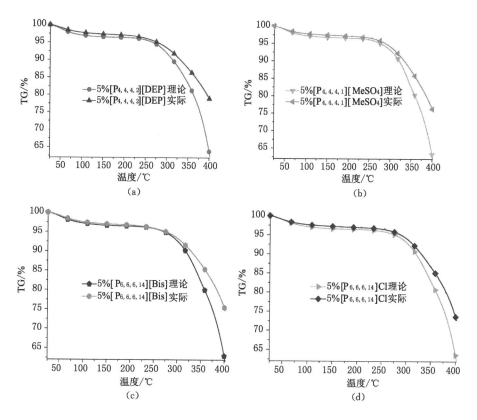

图 5-4　含 5% 离子液体褐煤样品的 $W_{实际}$ 与 $W_{理论}$

(a) 5% $[P_{4,4,4,2}][DEP]$；(b) 5% $[P_{4,4,4,1}][MeSO_4]$；

(c) 5% $[P_{6,6,6,14}][Bis]$；(d) 5% $[P_{6,6,6,14}]Cl$

的差别一直较稳定,但在 275 ℃之后则出现明显的偏差,且随着温度升高,各煤样的理论失重与实际失重的偏差越来越大。

为了比较这些离子液体与煤之间相互作用的程度和差别,引入重量差 $\triangle W$ 来进行表征[205],即 $\triangle W = W_{理论} - W_{实际}$。含 5% 离子液体褐煤样品的 $\triangle W$ 值如图 5-5 所示。

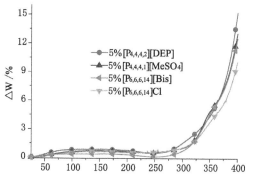

图 5-5　含 5% 离子液体褐煤样品的 $\triangle W$ 值

从图 5-5 可以看出，$\triangle W$ 的变化趋势以 275 ℃ 为分界点主要分为两个变化范围。温度低于 275 ℃ 的范围内，$\triangle W$ 的值均较小，从初始温度的零值缓慢增加到 100 ℃ 左右的数值后保持稳定。在 25～275 ℃ 范围内，$[P_{6,6,6,14}][Bis]$ 的 $\triangle W$ 数值在 4 种样品中一直最小，且在 250 ℃ 附近接近零值，说明此时阻化作用的消失。该温度范围内 $[P_{4,4,4,2}][DEP]$ 的 $\triangle W$ 数值一直最大，且在 225 ℃ 之后与 $[P_{4,4,4,1}][MeSO_4]$、$[P_{6,6,6,14}]Cl$ 的数值几乎一样。而在该温度范围所有离子液体均进入加速分解阶段，由此可见由于离子液体开始反应使得离子液体与煤之间相互作用程度有一定的减弱。不过 275 ℃ 之后，各样品的 $\triangle W$ 随着温度升高开始快速增加，说明离子液体的热分解过程对煤样的氧化过程有着强烈的阻碍作用。最终（约 400 ℃），$[P_{4,4,4,2}][DEP]$、$[P_{4,4,4,1}][MeSO_4]$、$[P_{6,6,6,14}][Bis]$、$[P_{6,6,6,14}]Cl$ 的 $\triangle W$ 分别达到了 15.17%、13%、12.53% 和 10.05%。一般而言，差值（$\triangle W$）越大说明离子液体的阻化作用越强。4 种离子液体中 $[P_{4,4,4,2}][DEP]$ 对煤样的氧化进程阻化作用最明显，而且这种阻化作用随着温度升高而明显增强。

结合离子液体的热失重特性认为，这种阻化作用出现的主要原因应该与煤中离子液体组分在 275 ℃ 之后热分解过程有关。因为此时煤的分解程度较弱，而离子液体的热分解较强，在与煤夺取氧源的同时，能分解产生气体产物并余有残渣，其中气体产物的释放能稀释煤表面的氧气浓度，而残渣可以更容易的积聚在煤表面的分子上，覆盖煤分子的孔隙，阻碍氧气与煤分子表面的接触[93,206]。另外离子液体的热分解夺取了煤氧化所需的氧气，这也在一定程度上阻碍了煤的氧化进程。不过这些作用机制只表达了物理作用，而离子液体对煤氧化过程的化学作用也可能存在。因此以含 5%$[P_{4,4,4,2}][DEP]$ 煤样为代表分析了其红外光谱图与对比煤样光谱图在不同温度下的谱图差异，如图 5-6 所示，以确定离子液体阻化煤氧化进程的化学作用。

从图 5-6 可以看出，室温下含 5%$[P_{4,4,4,2}][DEP]$ 煤样在 2 871 cm^{-1} 处明显的甲基肩峰和 1 035 cm^{-1} 处增强的谱峰说明了离子液体的存在，但由于含量较少，故其他处的离子液体特征谱峰不明显。随着温度升高，两煤样的光谱图呈现类似的变化过程，直至 345 ℃ 时二者的光谱图出现较明显的差别。345 ℃ 时，对比煤样在 1 718 cm^{-1} 处的醛/羧酸类羰基谱峰强度明显强于 1 772 cm^{-1} 处的酯类羰基的，而含 5%$[P_{4,4,4,2}][DEP]$ 煤样中醛/羧酸类羰基谱峰强度相对较弱，同时酯羰基峰较明显。推测离子液体的存在改变了煤中不同类型羰基结构的反应历程，使得醛/羧酸类羰基生成的反应进程被抑制而酯羰基生成的反应有所增强，表现为来源于不稳定醛/羧酸类羰基结构生成过程中水分和 CO_2 气体产物的减少，而来源于稳定酯羰基结构生成过程中的 CO 产物较多，与图 5-2 的气体产物结果一致。400 ℃ 时，对比煤样的羰基谱峰继续分解并显著减弱，而含 5%$[P_{4,4,4,2}][DEP]$ 煤样的羰基谱峰虽有减弱，但吸收强度仍很明显。另外 5%$[P_{4,4,4,2}][DEP]$ 煤样在 345 ℃ 时 1 450 cm^{-1} 处的甲基弯曲振动峰和 400 ℃ 时 1 843 cm^{-1} 处的酸酐类羰基谱峰仍很明显，而相同温度下对比煤样中的谱峰都几乎消失，说明了这些结构反应过程的延迟。450 ℃ 时对比煤样的羰基吸收峰几乎消失，而 5%$[P_{4,4,4,2}][DEP]$ 煤样的羰基峰仍很明显。由此可见离子液体的存在确实改变了煤中羰基官能团的反应历程，能促进稳定羰基生成的反应，而抑制较活跃羰基生成的反应，从而显著阻碍煤的氧化进程。

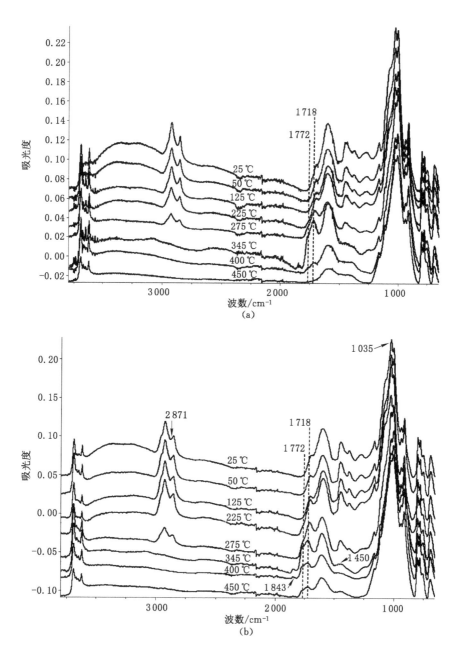

图 5-6　对比煤样与含 5%[P$_{4,4,4,2}$][DEP]煤样在不同温度下的 FTIR 谱图

（a）含 0% IL 煤样（对比煤样）的光谱图；（b）含 5%[P$_{4,4,4,2}$][DEP]煤样的光谱图

5.4　含不同比例[P$_{4,4,4,2}$][DEP]煤样热重结果分析

原煤与含不同质量比例（0.5%、2%、5%、8%）离子液体[P$_{4,4,4,2}$][DEP]样品的氧化热重数据如图 5-7 所示。随着温度增加，所有煤样均呈现相似的失重趋势，并在实验结束时含

不同比例离子液体样品的失重量均不同程度的小于原煤的,但各煤样的具体变化过程又不尽相同。

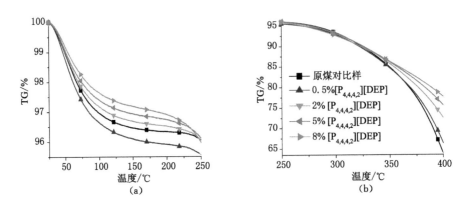

图 5-7　含不同比例(0.5、2、5、8%)[P$_{4,4,4,2}$][DEP]煤样的热重数据
(a) 25～225 ℃;(b) 225～400 ℃

从图 5-7 可以看出,含 0.5% [P$_{4,4,4,2}$][DEP]的煤样在 25～360 ℃范围内的失重量始终大于原煤的,360 ℃之后失重逐渐小于原煤的,由此可见 0.5% [P$_{4,4,4,2}$][DEP]对煤氧化过程的阻碍作用不明显,甚至促进了低温段煤样的氧化进程。当[P$_{4,4,4,2}$][DEP]的含量为 2%、5%、8%时,煤样在 25～225 ℃范围内的失重量均小于原煤的,并随离子液体比例的增加与原煤的失重量差值增大,该温度范围内离子液体本身较稳定,不发生分解,所以离子液体对煤样氧化进程的阻碍作用主要表现为物理覆盖作用,即离子液体比例越高对煤表面的覆盖作用越强,从而阻碍煤氧化进程的作用越明显。随着温度进一步升高,所有煤样的失重量开始加速,并在 250 ℃时失重量彼此接近,其中含 8% [P$_{4,4,4,1}$][MeSO$_4$]样品的失重量有超过原煤的现象出现,由此可见离子液体含量的增加并不利于其对煤氧化进程阻碍作用的发挥,也即存在一个最佳的离子液体添加浓度,使得离子液体对煤氧化进程的阻化效果最强。在 250～325 ℃范围内,离子液体开始快速分解,原煤与含 IL [P$_{4,4,4,2}$][DEP]煤样的热重曲线间的差异不大。温度高于 325 ℃之后,含离子液体添加剂煤样的热失重与原煤之间的差异逐渐明显,说明煤氧化活性被明显减弱。该阶段也对应了离子液体的另一个主要热分解阶段。所以这种抑制效果的出现应该与样品中离子液体组分的热分解有一定的关系。[P$_{4,4,4,1}$][MeSO$_4$]热分解产生的气体产物能稀释煤表面的氧气浓度,同时离子液体氧化的残留组分能很容易的聚集在煤表面的分子结构上,阻塞煤表面孔隙结构,最终阻碍了氧气与煤表面的接触。这些作用的共同结果使得煤氧之间的反应被明显抑制,最终表现为煤氧化活性的减弱。

为了评价离子液体含量对其阻化作用的影响,表 5-2 比较了这些煤样在 125～400 ℃范围内的失重量△$W_{(125\sim400\ ℃)}$,以及含不同比例离子液体样品的△$W_{(125\sim400\ ℃)}$相对于原煤对比样的减少量。由表 5-2 看出,随着离子液体含量的增加,含离子液体样品在 125～400 ℃范围内的失重程度明显减小。

表 5-2　含不同比例 $[P_{4,4,4,2}][DEP]$ 煤样的 $W_{(125\sim400)\,℃}$ 和 $\triangle W_{(125\sim400)\,℃}$

样品	$W_{(125\sim400)\,℃}/\%$	$\triangle W_{(125\sim400)\,℃}/\%$
$0\%[P_{4,4,4,2}][DEP]$	33.98	0
$0.5\%[P_{4,4,4,2}][DEP]$	31.09	-8.51
$2\%[P_{4,4,4,2}][DEP]$	25.05	-26.28
$5\%[P_{4,4,4,2}][DEP]$	22.11	-34.93
$8\%[P_{4,4,4,2}][DEP]$	20.19	-40.58

图 5-8 对含不同比例离子液体煤样的 $\triangle W_{(125\sim400\,℃)}$ 与离子液体的添加比例进行了数据拟合分析,得到了拟合度为 99.59% 的对数关系曲线。

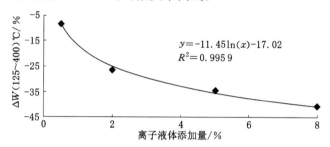

图 5-8　离子液体添加量与各煤样 $\triangle W_{(125\sim400)\,℃}$ 的关系

从图 5-8 可以看出,$125\sim400\ ℃$ 范围内的样品失重减小百分比随着离子液体含量的增加呈对数关系,而不是线性关系,这说明随着离子液体含量的增加,阻化作用效果并不是呈正比增加,而是存在一个最佳的离子液体含量值,既能使离子液体发挥最强的抑制煤氧化进程的作用,又能兼顾离子液体的经济使用量。不过此处拟合得到的公式所依据的实验数据较少。为了将来离子液体的工业性应用,还需进行大量的实验数据验证,为最佳离子液体用量的选择提供基础资料。

图 5-9 给出了利用添加剂模型计算得到的含不同比例 $[P_{4,4,4,2}][DEP]$ 的样品的 $W_{实际}$ 与 $W_{理论}$ 值。

从图 5-9 可以看出,含 $0.5\%[P_{4,4,4,2}][DEP]$ 煤样的实际失重量要略大于理论失重量,说明少量离子液体存在时对煤氧化有催化作用。当离子液体含量增加至 2%、5%、8% 时,煤样实际失重要小于理论失重量,且随着离子液体含量的增加两曲线之间的差别越来越明显;不过在不同的温度段内差别的程度不同。主要以 $275\ ℃$ 为分界点将差别的程度分为两个阶段。低于 $250\ ℃$ 时,$2\%[P_{4,4,4,2}][DEP]$ 煤样的实际失重量和理论失重量差别不大,但 5% 和 8% 的 $[P_{4,4,4,2}][DEP]$ 煤样实际失重量明显小于理论失重量,在 $275\ ℃$ 左右该差别有所减小。当温度高于 $275\ ℃$ 后,煤样的实际失重量与理论失重量的差别越来越明显。

这些结果说明了煤与离子液体之间相互作用随离子液体含量增加而增强,不过这种作用对煤氧化进程是阻化作用还是催化作用则与离子液体添加剂的含量有一定的关系。2%、5%、8% 的 $[P_{4,4,4,1}][MeSO_4]$ 能抑制煤的氧化且这种抑制作用随着添加剂含量的增加而增强,但 0.5% 的离子液体添加剂则对煤氧化过程的影响不大,甚至在低温段加速了煤的氧化。

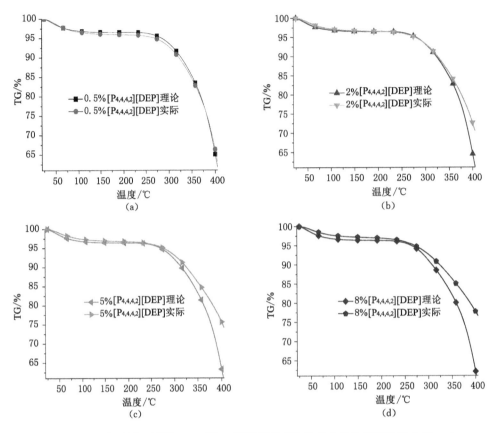

图 5-9　含不同比例[[P$_{4,4,4,2}$][DEP]煤样的理论失重曲线和实际失重曲线

(a) 0.5% [P$_{4,4,4,2}$][DEP];(b) 2% [P$_{4,4,4,2}$][DEP];(c) 5% [P$_{4,4,4,2}$][DEP];(d) 8% [P$_{4,4,4,2}$][DEP]

为了进一步揭示这种相互作用对煤氧化过程影响的程度和差别,利用重量差异$\triangle W$进行了表征分析。图 5-10 显示了各煤样$\triangle W$随温度的变化曲线。

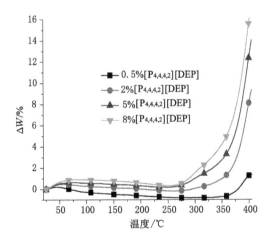

图 5-10　含不同比例[[P$_{4,4,4,2}$][DEP]煤样的$\triangle W$

从图 5-10 中可以看出,低于 275 ℃时各煤样的△W 值均小于 1%,差别较小,不足以揭示煤与离子液体之间相互作用的程度差别。温度高于 275 ℃后,各样品的△W 值随着温度升高开始持续显著的增加,并在 350 ℃各样品的△W 后出现了急剧增加的趋势。最终在 400 ℃时,含 0.5%、2%、5%、8%[P_{4,4,4,2}][DEP]的煤样的△W 的值分别达到了 1.28%、8.12%、12.35%和 15.60%。很明显,离子液体的含量越高,离子液体抑制煤氧化进程的作用越明显。另外,根据任何一种含离子液体煤样的△W 值的变化可以推断出离子液体与煤之间的这种相互作用对煤氧化的抑制效果,即随着温度升高,离子液体对煤氧化抑制效果显著增强。

5.5　离子液体[P_{4,4,4,2}][DEP]影响不同煤级煤氧化特性热重结果分析

基于上述章节的研究结果可知,季膦盐类离子液体[P_{4,4,4,2}][DEP]是目前研究的离子液体中对褐煤氧化活性具有最佳减弱效果的离子液体。为了验证该离子液体的普适性,对添加 5%[P_{4,4,4,2}][DEP]的烟煤和无烟煤样品进行了热重分析测试,其结果如图 5-11 所示。

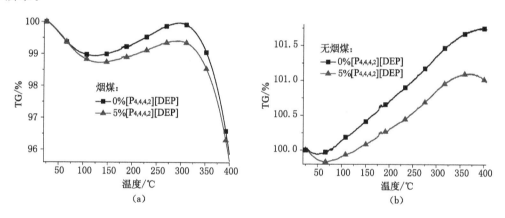

图 5-11　含 5%[P_{4,4,4,2}][DEP]的烟煤和无烟煤煤样的热重结果
(a) 烟煤;(b) 无烟煤

从图 5-11 可以看出,烟煤和无烟煤的热重曲线表现出与褐煤不同的变化趋势。褐煤的热失重曲线表现为:初始的快速下降,之后的缓慢下降以及最后的快速下降,而烟煤和无烟煤的热失重曲线表现为:在经过初始的快速失重阶段后,出现明显的增重段。这一增重段常被学者们用来评价煤样氧化活性的强弱,即经处理后的样品与未处理样品相比,增重段的增重量越少,开始温度越高,则样品的氧化活性越弱[110]。基于此,选择了两种煤样在增重段的增重量[△W_{增重}=(W_{max(200～400 ℃)}-W_{min(25～200 ℃)})/(W_{min(25～200 ℃)})]以及增重段的开始温度为指标来比较不同样品间的氧化活性差异,其结果列于表 5-3 中。增重量计算公式中,$W_{max(200～400 ℃)}$ 表示 200～400 ℃范围内样品的最大重量值,$W_{min(25～200 ℃)}$ 表示 25～200 ℃范围内样品的最小重量值。

表 5-3　　　　含 5%[$P_{4,4,4,2}$][DEP]的烟煤和无烟煤煤样的氧化反应活性指标

煤样	烟煤		无烟煤	
	$\triangle W_{增重}$/%	T_{onset}/℃	$\triangle W_{增重}$/%	T_{onset}/℃
0%[$P_{4,4,4,2}$][DEP]	1.05	122.50	1.82	49.50
5%[$P_{4,4,4,2}$][DEP]	0.79	129.33	1.45	66.83
$\triangle W_{增重}$的相对减少量/%	−24.76	/	−20.33	/

从表 5-3 可以看出,添加离子液体后,煤样在增重阶段的增重量均明显小于原煤对比样的。烟煤相对减少 24.76%,无烟煤相对减少 20.33%。对于增重段的开始温度,与原煤对比样相比,含离子液体添加剂煤样的开始温度均延迟,其中烟煤延迟了约 7 ℃,无烟煤延迟了约 17 ℃。这些结果表明离子液体[$P_{4,4,4,2}$][DEP]对烟煤和无烟煤的的氧化过程具有明显的抑制作用,且能阻化煤氧化的进程,初步验证了该离子液体阻化煤氧化活性的普适性。

5.6　本章小结

本章利用热重分析、红外光谱分析以及质谱测试技术研究了离子液体作为添加剂对煤氧化过程的抑制作用,确定出减弱煤氧化性效果最好的离子液体仍是[$P_{4,4,4,2}$][DEP]。并对[$P_{4,4,4,2}$][DEP]阻化效果的普适性进行了验证。

(1) 分析了 4 种离子液体添加剂[$P_{4,4,4,2}$][DEP]、[$P_{4,4,4,1}$][$MeSO_4$]、[$P_{6,6,6,14}$][Bis]和[$P_{6,6,6,14}$]Cl 阻化煤氧化的过程,发现各类添加剂的存在均不同程度减弱了煤的氧化活性,其中减弱程度最大、效果最强的是[$P_{4,4,4,2}$][DEP]。各离子液体的作用效果都要强于 $CaCl_2$ 的。程序升温质谱实验结果进一步证实了[$P_{4,4,4,2}$][DEP]对煤样氧化活性的显著减弱作用。

(2) 利用添加剂模型评价了离子液体与煤之间的相互作用类型及作用强度。发现离子液体添加剂煤样的实际失重均小于理论失重,证明了离子液体与煤之间确实存在着相互作用,且这种作用表现为对煤氧化进程的阻碍作用。不过该作用过程受到了离子液体热稳定性的影响。在离子液体未发生热分解之前,离子液体的覆盖作用以及对煤结构的破坏作用是主要的阻化机理。离子液体分解后,离子液体表现出对煤样氧化进程强烈的阻碍作用,且这种阻碍作用随着温度升高而明显增强;这种阻碍作用机理除了离子液体分解的气体产物对氧气的稀释作用、残渣的覆盖作用、离子液体的夺氧作用外,煤样中活性结构的氧化反应历程也发生了实质性的改变。由于离子液体的存在,煤中稳定羰基生成的反应被促进,而较活跃羰基生成的反应被抑制,总体表现为煤氧化进程的延迟。

(3) 离子液体[$P_{4,4,4,2}$][DEP]的不同添加比例对煤氧化过程的阻化作用也各不相同。初步研究认为煤与离子液体之间相互作用随离子液体含量增加而增强,而且存在最佳的离子液体含量值,能使离子液体表现此出最有效的阻化作用。

(4) 对于离子液体[$P_{4,4,4,2}$][DEP]影响不同煤级煤样氧化活性的普适性进行了热重实验验证,发现烟煤和无烟煤的氧化增重程度均要小于原煤的,且增重段的开始温度值均出现延迟,其中烟煤的约为 7 ℃,无烟煤的约为 17 ℃。这些结果证实了离子液体[$P_{4,4,4,2}$][DEP]对不同煤样的氧化活性均有较好的阻化作用,验证了该离子液体阻化作用的普遍性。

第6章　总结与展望

6.1　主　要　结　论

通过系统地研究咪唑类和季鳞盐类室温离子液体对煤氧化过程的热失重、放热量、气体产物以及煤微观有序碳结构和表面官能团变化规律的影响,深入认识了不同离子液体对煤氧化进程的影响及其阻化作用机制。

(1) 褐煤、烟煤和无烟煤三种不同煤级煤样的氧化热失重特性差异显著,可以有效反映各煤样的氧化活性强弱。对三种煤样的拉曼光谱进行了分析研究并与煤的氧化反应性进行了关联分析,表明拉曼光谱参数 I_{GR}/I_{All}、$I_{(G+GR)}/I_{All}$、$I_{DAll}/I_{(G+GR)}$ 与煤的氧化反应性指标之间表现出合理的线性关系,证明了拉曼光谱可用于表征不同煤级煤的结构特征差异。红外光谱结果揭示了三种煤样中的官能团种类和数量差别显著。随着煤级增加,缔合羟基、—CH$_2$、—CH$_3$、C=O、C—O、矿物质以及取代苯类结构减少,芳香 C=C 结构和石墨碳微晶结构增加。在氧化过程中,褐煤和烟煤中官能团的共同表现为缔合羟基和脂肪烃结构的减少以及各类羰基结构的增加转化。这些变化过程在褐煤中出现的温度均要低于烟煤,揭示了褐煤高氧化活性的微观本质。另外,褐煤和烟煤中的醚键结构在氧化初期的稳定性均较强,无烟煤中则没有醚键谱峰的显示。三种煤样中的芳环 C=C 结构和取代苯类结构在氧化初期很稳定,直至各类羰基结构发生转化后开始参与反应并逐渐减少直至消失。

(2) 选取了9种咪唑类离子液体[EMIm][BF$_4$]、[EMIm]Ac、[BMIm][BF$_4$]、[BMIm]Ac、[AMIm][BF$_4$]、[HOEtMIm][BF$_4$]、[HOEtMIm][NTf$_2$]、[AOEMIm][BF$_4$]、[EO-MIm][BF$_4$]对最易自燃的褐煤样品进行了混合处理,分析离子液体对煤氧化特性的影响。热重分析结果显示离子液体处理对煤的氧化热失重过程有明显的减弱作用,且不同离子液体的作用效果不同。最有效的两种离子液体是[HOEtMIm][BF$_4$]和[HOEtMIm][NTf$_2$],效果最弱的是[AMIm][BF$_4$]。差热实验结果也证实[HOEtMIm][NTf$_2$]、[HOEtMIm][NTf$_2$]处理煤的放热量均很小,且能将煤结构的氧化反应进程延迟约 17 ℃。红外光谱结果显示,离子液体处理对煤中的羟基缔合氢键、羰基、醚键均有影响,其中氢键谱峰均明显减弱,羰基谱峰则不同程度的增加,而醚键谱峰在部分煤样中也有所增加。不同温度下的红外光谱图结果进一步显示,[HOEtMIm][NTf$_2$]、[HOEtMIm][BF$_4$]处理煤中的醚键在氧化初期的反应活性减弱。另外随着氧化程度的加深,羰基结构的生成量也减少。而氧化活性仍然较高的[AMIm][BF$_4$]、[BMIm]Ac 处理煤虽然在氧化初期的醚键活性较高,不过随着氧化程度加深,羰基结构的生成量减少。这些活性基团的变化及氧化反应历程的改变是离子液体处理煤氧化活性改变的主要原因。

(3) 选取了9种季鳞盐类离子液体[P$_{6,6,6,14}$]Cl、[P$_{6,6,6,14}$]Br、[P$_{6,6,6,14}$][Bis]、[P$_{6,6,6,14}$][N(CN)$_2$]、[P$_{6,6,6,14}$][NTf$_2$]、[P$_{4,4,4,1}$][MeSO$_4$]、[P$_{4,4,4,2}$][DEP]、[P$_{4,4,4,14}$][MeSO$_4$]、

$[P_{4,4,4,1}][NTf_2]$ 对最易自燃的褐煤样品进行了混合处理,分析离子液体对煤氧化特性的影响。热重和程序升温质谱结果显示 $[P_{4,4,4,2}][DEP]$ 处理煤的氧化热失重量减弱程度最大,且气体产物生成量也显著减小。与效果较好的咪唑类离子液体 $[HOEtMIm][BF_4]$、$[HOEtMIm][NTf_2]$ 相比,$[P_{4,4,4,2}][DEP]$ 仍是减弱煤氧化热失重量最明显的离子液体。拉曼光谱结果显示离子液体处理后煤的碳结构有序度增加,表明化学结构稳定性有所增强。红外光谱结果显示季膦盐类离子液体也能不同程度的破坏煤中的氢键结构,其中 $[P_{4,4,4,2}][DEP]$、$[P_{6,6,6,14}][Bis]$、$[P_{4,4,4,1}][MeSO_4]$ 的破坏作用均很强。羰基结构在 $[P_{4,4,4,2}][DEP]$、$[P_{4,4,4,1}][MeSO_4]$、$[P_{4,4,4,14}][MeSO_4]$、$[P_{6,6,6,14}]Cl$ 四种离子液体中的增加程度较明显,在其他季膦盐类离子液体处理煤中的变化不明显。总体来看,氧化活性减弱程度较大的煤样中均出现氢键的减少和羰基的增加。对这些煤样在不同氧化温度下的红外光谱结果进行分析发现,离子液体处理能显著延迟煤中活跃羰基结构的反应,并促进稳定羰基结构的生成,同时,煤中有更多的稳定醚键生成。这些作用均有助于延迟煤的氧化进程。

(4)选取了 4 种对煤氧化活性减弱作用最强的离子液体 $[P_{4,4,4,2}][DEP]$、$[P_{4,4,4,1}][MeSO_4]$、$[P_{6,6,6,14}][Bis]$、$[P_{6,6,6,14}]Cl$ 作为添加剂,研究离子液体阻化煤氧化进程的作用以及离子液体与煤在氧化过程中的相互作用。热重实验结果发现各类离子液体添加剂的存在均不同程度的减弱了煤的氧化活性,且作用效果都要强于 $CaCl_2$ 阻化剂。其中减弱程度最大、效果最强的离子液体仍然是 $[P_{4,4,4,2}][DEP]$。程序升温质谱实验结果也证实了 $[P_{4,4,4,2}][DEP]$ 的添加减少了煤的氧化气体产物量,且明显少于 $CaCl_2$ 添加的煤样。利用添加剂模型评价了各离子液体与煤之间的相互作用类型及作用强度,发现离子液体添加剂煤样的实际失重均小于理论失重,证明了离子液体与煤之间确实存在着相互作用,且这种作用表现为对煤氧化进程的阻碍作用。该作用过程与离子液体的热稳定性也有一定的关系。在离子液体未发生热分解之前,离子液体的覆盖作用及对煤活性结构的破坏作用是主要的阻化机制。离子液体发生热分解之后,煤的氧化过程被强烈阻碍,且这种阻碍作用随着温度升高而明显增强。推测其作用机理除了离子液体的夺氧作用、离子液体分解的气体产物对氧气的稀释作用、残渣的覆盖作用外,煤中活性结构的氧化反应历程也发生了实质性改变。根据红外光谱结构,离子液体的存在促进了煤中稳定羰基生成的反应,抑制了较活跃羰基生成的反应,最终表现为煤氧化进程的延迟。

(5)分析研究了离子液体 $[P_{4,4,4,2}][DEP]$ 的不同添加比例(0.5、2、5、8%)对褐煤氧化进程的阻化作用,发现 0.5% 的离子液体添加剂对煤氧化过程的影响不大,而 2、5、8% 的添加比例能阻碍煤的氧化进程,且随着添加比例的增加,阻化作用增强。不过阻化作用的增强并不是线性增加的趋势,说明存在最佳的离子液体含量值,能使离子液体既表现出最佳阻化效果也能实现经济可行性。另外对离子液体 $[P_{4,4,4,2}][DEP]$ 影响煤氧化活性的普适性进行了热重实验研究,发现 5% 离子液体 $[P_{4,4,4,2}][DEP]$ 的添加使得烟煤和无烟煤的氧化增重程度均减小,且增重段的开始温度值均出现不同程度的延迟,证实了该离子液体阻化作用的普遍性。

6.2 创 新 点

(1)揭示了不同咪唑类和季膦盐类室温离子液体对煤氧化特性的影响。热重和差热实验结果显示咪唑类离子液体[HOEtMIm][NTf$_2$]、[HOEtMIm][BF$_4$]处理能显著减弱煤的氧化热失重量及放热量。热重和程序升温质谱实验结果显示季膦盐类离子液体[P$_{4,4,4,2}$][DEP]能显著减弱煤的氧化热失重量和减少氧化气体产物生成量,且[P$_{4,4,4,2}$][DEP]是目前所研究离子液体中对煤氧化活性减弱效果最强的离子液体。

（2）揭示了离子液体对煤中活性结构分布和氧化活性的影响。拉曼光谱结果显示离子液体处理能使煤的碳结构有序度增加,无序结构减少,有助于增强煤的化学结构稳定性。红外光谱结果显示离子液体能显著破坏煤中的氢键结构,并进而改变煤中羰基、醚键等官能团的分布。氧化过程中,离子液体的处理使得煤中氢键、醚键的氧化活性减弱,各类羰基结构的氧化反应被延迟。

（3）利用添加剂模型分析评价了离子液体与煤在氧化过程中的相互作用程度及其对煤氧化进程阻化的作用机制。热重结果显示离子液体作为阻化剂添加到煤样中能显著阻碍煤的氧化进程。根据离子液体、煤样的热失重特性及红外光谱结果认为氧化初期离子液体对煤中活性结构的破坏及覆盖发挥了主要作用。随着氧化继续进行,离子液体的夺氧作用、气体产物对氧气的稀释作用、残渣的覆盖作用以及离子液体的存在使得煤中稳定羰基生成的反应被增强、活跃羰基生成的反应被减弱,共同阻碍了煤的氧化进程。

6.3　展　　望

离子液体对煤氧化活性的显著减弱作用客观存在。基于热重、差热、质谱、红外光谱、拉曼光谱等一系列实验结果的基础得到了目前对煤氧化活性影响最显著的离子液体类型。但由于煤分子结构的复杂性、煤自燃氧化微观机理的不统一以及离子液体种类的繁多,加之研究条件和作者研究水平,还需在以下方面对离子液体抑制煤自燃氧化进程的课题进行更深入的研究。

（1）采用核磁共振光谱、X射线衍射、量子化学计算方法等对离子液体与煤之间相互作用过程进行进一步分析研究,从化学反应理论方面充分揭示二者的微观作用过程,为针对性的优选设计目标离子液体提供理论支撑。

（2）开展离子液体与现有防灭火材料共存时对煤自燃氧化进程的协同阻化作用研究,为离子液体抑制煤自燃的工业可行性提供更多基础资料。

附 录

附录一:红外光谱图

[EMIm][BF$_4$]处理煤、[EMIm]Ac、[BMIm][BF$_4$]处理煤、[AOEMIm][BF$_4$]处理煤、[EOMIm][BF$_4$]处理煤在 25 ℃、110 ℃、180 ℃时的红外光谱图见附图 1 至附图 5。

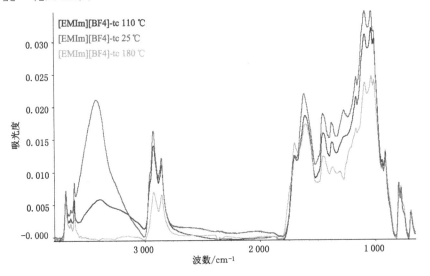

附图 1 [EMIm][BF$_4$]处理煤在 25 ℃、110 ℃、180 ℃时的红外光谱图

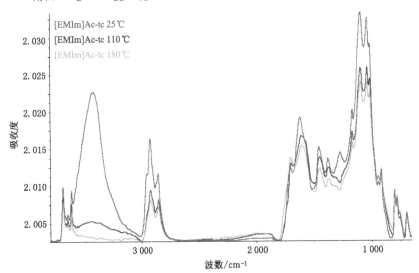

附图 2 [EMIm]Ac 处理煤在 25 ℃、110 ℃、180 ℃时的红外光谱图

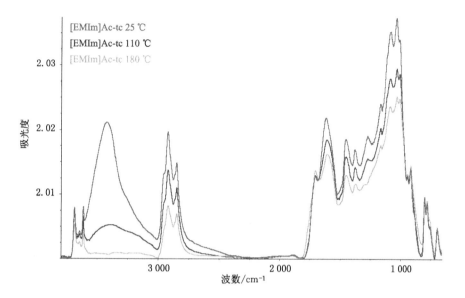

附图 3 　[BMIm][BF₄]处理煤在 25 ℃、110 ℃、180 ℃时的红外光谱图

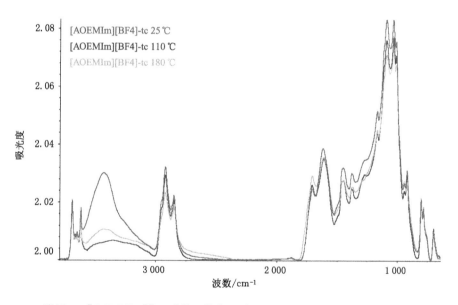

附图 4 　[AOEMIm][BF₄]处理煤在 25 ℃、110 ℃、180℃时的红外光谱图

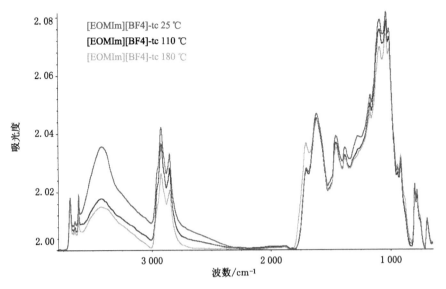

附图 5 ［EOMIm］［BF₄］处理煤在 25 ℃、110 ℃、180 ℃时的红外光谱图

附录二:变量注释表

主要变量符号及含义见附表 1。

附表 1 　　　　　　　　　变量注释表

符号	含义
RTILs	室温离子液体
ILs	离子液体
TG	热失重
DTG	热失重速率
DTA	差热分析
IR	红外光谱
FTIR	傅里叶变换红外光谱
TPO-MS	程序升温质谱
BET	比表面积测试
NMP	N-甲基-2-吡咯烷酮
DCM	二氯甲烷
KCl	氯化钾
NaCl	氯化钠
$CaCl_2$	氯化钙
$MgCl_2$	氯化镁
NH_4Cl	氯化铵
$NiCl_2$	氯化镍

$PbCl_2$	氯化铅
$CoCl_2$	氯化钴
$NaNO_3$	硝酸钠
K_2CO_3	碳酸钾
Na_2CO_3	碳酸钠
$CaCO_3$	碳酸钙
$MgCO_3$	碳酸镁
$CuCO_3$	碳酸铜
Na_3PO_4	磷酸钠
$NH_4H_2PO_4$	磷酸二氢铵
$NaCOOH$	甲酸钠
KAc	醋酸钾
$NaAc$	醋酸钠(乙酸钠)
$Ca(Ac)_2$	醋酸钙
$Mg(Ac)_2$	醋酸镁
$Cu(Ac)_2$	醋酸铜
$NaOH$	氢氧化钠
$Ca(OH)_2$	氢氧化钙
FeS_2	硫化铁
Na_2SO_3	亚硫酸钠
K_2SO_4	硫酸钾
Na_2SO_4	硫酸钠
$Al_2(SO_4)_3$	硫酸铝
$(NH_4)_2SO_4$	硫酸铵
ZrP	磷酸锆
TiP	磷酸钛
Ni_2O_3	氧化镍
CeO_2	氧化铈
Sb_2O_3	氧化锑
MnO_2	二氧化锰
Fe_2O_3	三氧化二铁
CuO	氧化铜
Co_3O_4	氧化钴
$[EtNH_3][NO_3]$	硝酸乙基铵
$[AMIm]^+$	1-烯丙基-3-甲基咪唑
$[AeIm]^+$	1-烯丙基-3-乙基咪唑
$[AOEMIm]^+$	1-乙酸乙酯基-3-甲基咪唑

$[BMIm]^+$	1-丁基-3-甲基咪唑
$[BMMIm]^+$	1,2-二甲基-3-丁基咪唑
$[BPy]^+$	N-丁基吡啶
$[BMP]^+$	N-丁基吡咯
$[EMIm]^+$	1-乙基-3-甲基咪唑
$[EOMIm]^+$	1-乙基甲基醚-3-甲基咪唑
$[EMPip]^+$	1-丁基-1-甲基哌啶
$[EPy]^+$	N-乙基吡啶
$[HMIm]^+$	1-己基-3-甲基咪唑
$[HMMIm]^{++}$	1-己基-2,3-二甲基
$[HeMIm]^+$	1-(2-羟乙基)-3-甲基咪唑
$[HeEIm]^+$	1-(2-羟乙基)-3-乙基咪唑
$[HeVIm]^+$	1-(2-羟乙基)-3-乙烯基咪唑
$[HOEtMIm]^+$	1-羟乙基-3-甲基咪唑
$[MIM]^+$	N-甲基咪唑
$[MPy]^+$	三甲基吡啶
$[MpMIm]^+$	1-异丁烯基-3-甲基咪唑
$[OMIm]^+$	1-辛基-3-甲基咪唑
$[OMMIm]^+$	1-辛基-2,3-二甲基
$[PMIm]^+$	1-丙基-3-甲基咪唑
$[RMIm]^+$	1-烷基-3-甲基咪唑
$[TEtA]^+$	三乙基胺基
$[P_{4,4,4,1}]^+$	三丁基(甲基)膦
$[P_{4,4,4,2}]^+$	三丁基(乙基)膦
$[P_{4,4,4,14}]^+$	三丁基(十四烷基)膦
$[P_{6,6,6,14}]^+$	三己基(十四烷基)膦
$[Al_xCl_y]^-$	氯铝酸型离子
$[Cu_xCl_y]^-$	氯铜酸型离子
$[Fe_xCl_y]^-$	氯铁酸型离子
F^-	氟离子
Cl^-	氯离子
Br^-	溴离子
I^-	碘离子
$[BrO_3]^-$	溴酸根
$[BF_4]^-$	四氟硼酸跟
$[PF_6]^-$	六氟磷酸根
$[SbF_6]^-$	六氟锑酸根

$[Bis]^-$	双(2,4,4-三甲基戊基)亚膦酸根
$[ClO_4]^-$	高氯酸根
$[CF_3CO_2]^-$	三氟甲烷乙酸根
$[CF_3SO_3]^-$	三氟甲烷磺酸根
$[C_3F_7COO]^-$	仝氟丁酸根
$[C_4F_9SO_3]^-$	诺氟丁烷磺根
$[DEP]^-$	磷酸二乙酯根
$[FAP]^-$	三(五氟乙基)三氟磷酸根
$[MeSO_4]^-$	硫酸甲酯根
$[SCN]^-$	硫氰酸根
$[N(CN)_2]^-$	二氰胺根
$[NTf_2]^-$ $([N(CF_3SO_2)_2]^-)$	双(三氟甲基磺酰基)酰胺根
$[NO_2]^-$	亚硝酸根
$[NO_3]^-$	硝酸根
$[NTf_2]^-$	双(三氟甲基磺酰基)酰胺
$[N(C_2F_5SO_2)_2]^-$	双(五氟乙基磺酰基)酰胺根
$[OTf]^-$	三氟甲基磺酸根
$[RSO_4]^-$	烷基硫酸根
$[Tf_3C]^-$	三(三氟甲基磺酰基)甲基化物根
DimCARB	二甲基胺基甲酸离子液体
DiallylCARB	二烯丙基胺基甲酸离子液体
DipropylCARB	二丙基胺基甲酸离子液体

参 考 文 献

[1] 王社平.推进煤炭绿色开采亟需政策支持.中国能源报,2012.

[2] 王省身.矿井火灾防治[M].徐州:中国矿业大学出版社,1990.

[3] Krishnaswamy S, Agarwal P K, Gunn R D. Low－temperature oxidation of coal. 3. Modelling spontaneous combustion in coal stockpiles [J]. Fuel, 1996, 75(3): 353-362.

[4] Yürüm Y, Altuntaş N. Air oxidation of Beypazari lignite at 50℃, 100℃ and 150℃ [J]. Fuel, 1998, 77(15): 1809-1814.

[5] Wang H, Dlugogorski B Z, Kennedy E M. Coal oxidation at low temperatures: oxygen consumption, oxidation products, reaction mechanism and kinetic modelling [J]. Progress in Energy and Combustion Science, 2003, 29(6): 487-513.

[6] Smith M A, Glasser D. Spontaneous combustion of carbonaceous stockpiles. Part I: the relative importance of various intrinsic coal properties and properties of the reaction system [J]. Fuel, 2005, 84(9): 1151-1160.

[7] 煤矿安全技术专家会诊资料汇编[M].国家安全生产监督管理总局,国家煤矿安全监察局. 2006.

[8] 煤矿安全生产"十一五"规划.安监总规划[2007]41号. 2007.

[9] 煤矿安全生产"十二五"规划.安监总煤装[2011]187号. 2011.

[10] 王省身.矿井灾害防治理论与技术[M].徐州:中国矿业大学出版社,1986: 164-165.

[11] 煤矿安全规程[M].北京:煤炭工业出版社,2011.

[12] 程卫民.矿井煤炭自燃的综合防治技术及其实践[J].西北煤炭,2007,5(3): 17-22.

[13] 梁运涛,罗海珠.中国煤矿火灾防治技术现状与趋势[J].煤炭学报,2008,33(2): 126-130.

[14] 刘英学,邬培菊.黄泥灌浆防止采空区遗煤自燃的机理分析与应用[J].中国安全科学学报,1997,7(1): 36-39.

[15] 罗新荣,蒋曙光.综采放顶煤采空区注氮防灭火模拟试验研究[J].中国矿业大学学报,1997,26(2): 42-45.

[16] Smith A C, Miron Y, Lazzara C P. Inhibition of spontaneous combustion of coal [M]. US Department of the Interior, Bureau of Mines, 1988.

[17] 秦波涛.防治煤炭自燃的三相泡沫理论与技术研究[J].中国矿业大学学报,2005, 37(4): 585-586.

[18] Zhou F, Ren W, Wang D, et al. Application of three-phase foam to fight an ex-

traordinarily serious coal mine fire [J]. International journal of coal geology, 2006,67(1):95-100.

[19] 周福宝,夏同强,史波波.瓦斯与煤自燃共存研究(Ⅱ):防治新技术[J].煤炭学报, 2013,38(3):353-360.

[20] Evseev V. New methods for the prevention of spontaneous fires in underground coal mines[C]//Paper in Proceedings of 21st International Conference of Safety in Mines Research Institutes Sydney, Australia. 1985:481-483.

[21] Ahmad I, Sahay N, Verma NK, et al. Optimisation of Inhibitor concentration to prevent spontaneous heating in coal for techno-economic benefits: a case study. Mining Engineering. 2006, 86:27-31.

[22] Tripathi D D. New approaches for increasing the incubation period of spontaneous combustion of coal in an underground mine panel [J]. Fire Technology, 2008,44(2):185-198.

[23] Beamish B, McLellan P, Turunc U, et al. Quantifying spontaneous combustion inhibition of reactive coals[C]//Proceedings of the 14th US/North American Mine Ventilation Symposium. 2012:435-440.

[24] 陆伟.高倍阻化泡沫防治煤自燃[J].煤炭科学技术,2008,36(10):41-44.

[25] 陆伟.防止煤炭自燃的化学阻化剂的实验研究[J].第六届全国煤炭工业生产一线青年技术创新文集,2011.

[26] 王德明.煤氧化动力学理论与应用[M].北京:科学出版社,2012.

[27] Seddon K R. Ionic liquids for clean technology [J]. Journal of Chemical Technology and Biotechnology, 1997, 68(4):351-356.

[28] Welton T. Room-temperature ionic liquids. Solvents for synthesis and catalysis [J]. Chemical reviews, 1999, 99(8):2071-2084.

[29] 顾彦龙,石峰,邓友全.室温离子液体:一类新型的软介质和功能材料[J].科学通报,2004,49(6):515-521.

[30] 张锁江.离子液体与绿色化学[M].北京:科学出版社,2009.

[31] 李汝雄.离子液体-走向工业化的绿色溶剂[J].现代化工,2003,23(10):17-21.

[32] 乐长高.离子液体及其在有机合成反应中的应用[D].上海:华东理工大学出版社,2007.

[33] Swatloski R P, Spear S K, Holbrey J D, et al. Dissolution of cellose with ionic liquids [J]. Journal of the American Chemical Society, 2002, 124(18):4974-4975.

[34] 任强,武进,张军,等.1-烯丙基,3-甲基咪唑室温离子液体的合成及其对纤维素溶解性能的初步研究[J].高分子学报,2003(3):448-451.

[35] Winterton N. Solubilization of polymers by ionic liquids [J]. Journal of Materials Chemistry, 2006, 16(44):4281-4293.

[36] Sashina E S, Novoselov N P, Kuz'mina O G, et al. Ionic liquids as new solvents of natural polymers [J]. Fibre Chemistry, 2008, 40(3):270-277.

[37] Zakrzewska M E, Bogel-Łukasik E, Bogel-Łukasik R. Solubility of carbohydrates in ionic liquids [J]. Energy & Fuels, 2010, 24(2): 737-745.

[38] Lu F, Zhang S, Zheng L. Dispersion of multi-walled carbon nanotubes (MWCNTs) by ionic liquid-based phosphonium surfactants in aqueous solution [J]. Journal of Molecular Liquids, 2012, 173: 42-46.

[39] 张锁江,吕兴梅.离子液体:从基础研究到工业应用[M].北京:科学出版社,2006.

[40] 曹敏,谷小虎,张爱芸,等.离子液体-煤浆体黏度的研究[J].煤炭转化,2009,32(3):40-43.

[41] 曹敏,谷小虎,张爱芸,等.离子液体溶剂中煤溶胀性能研究[J].煤炭转化,2009,32(4):58-60.

[42] 马嫚.温和条件下煤在离子液体中的溶解,溶胀及流变性的研究[D].焦作:河南理工大学,2009.

[43] 耿胜楚,范天博,刘云义.离子液体[BMIm]BF4 在神华煤溶胀预处理中的应用[J].煤炭转化,2010,33(2):35-38.

[44] Painter P, Pulati N, Cetiner R. Dissolution and dispersion of coal in ionic liquids [J]. Energy & Fuels, 2010(24): 1848-1853.

[45] Painter P, Cetiner R, Pulati N, et al. Dispersion of liquefaction catalysts in coal using ionic liquids [J]. Energy & Fuels, 2010, 24(5): 3086-3092.

[46] Pulati N, Sobkowiak M, Mathews J P, et al. Low-temperature treatment of Illinois No. 6 coal in ionic liquids [J]. Energy & Fuels, 2012, 26(6): 3548-3552.

[47] Lei Z, Wu L, Zhang Y, et al. Microwave-assisted extraction of Xianfeng lignite in 1-butyl-3-methyl-imidazolium chloride [J]. Fuel, 2012, 95: 630-633.

[48] Lei Z, Zhang Y, Wu L, et al. The dissolution of lignite in ionic liquids [J]. RSC Advances, 2013, 3(7): 2385-2389.

[49] Lei Z, Wu L, Zhang Y, et al. Effect of noncovalent bonds on the successive sequential extraction of Xianfeng lignite [J]. Fuel Processing Technology, 2013, 111: 118-122.

[50] Kim J W, Kim D, Ra C S, et al. Synthesis of ionic liquids based on alkylimidazolium salts and their coal dissolution and dispersion properties [J]. Journal of Industrial and Engineering Chemistry, 2013 (accepted).

[51] Chaffee AL, Patzschke C, Russell D, et al. Application of ionic liquids for brown coal extraction. Abstracts of papers of the American Chemical Society, 2011, 242: 279-Fuel.

[52] Qi Y, Verheyen V, Ranganathan V, et al. Solubility of brown coal in ionic liquid [J]. Chemeca 2012: Quality of life through chemical engineering: 23-26 September 2012, Wellington, New Zealand, 2012: 249.

[53] Nie Y, Bai L, Dong H, et al. Extraction of asphaltenes from direct coal liquefaction residue by dialkylphosphate ionic liquids [J]. Separation Science and Technology, 2012, 47(2): 386-391.

［54］ Nie Y，Bai L，Li Y，et al. Study on extraction asphaltenes from direct coal liquefaction residue with ionic liquids ［J］. Industrial & Engineering Chemistry Research，2011，50(17)：10278-10282.

［55］ Li Y，Zhang X，Lai S，et al. Ionic liquids to extract valuable components from direct coal liquefaction residues ［J］. Fuel，2012，94：617-619.

［56］ Li Y，Zhang X，Dong H，et al. Efficient extraction of direct coal liquefaction residue withthe ［bmim］Cl/NMP mixed solvent ［J］. RSC Advances，2011，1(8)：1579-1584.

［57］ Wang J，Yao H，Nie Y，et al. Application of iron-containing magnetic ionic liquids in extraction process of coal direct liquefaction residues ［J］. Industrial & Engineering Chemistry Research，2012，51(9)：3776-3782.

［58］ Bai L，Nie Y，Li Y，et al. Protic ionic liquids extract asphaltenes from direct coal liquefaction residue at room temperature ［J］. Fuel Processing Technology，2013，108：94-100.

［59］ 王兰云，蒋曙光，吴征艳，等. 离子液体抑制煤炭自燃的新设想［J］. 煤矿安全，2009，8：89-92.

［60］ 王兰云. 离子液体溶解煤官能团和抑制煤氧化放热特性的实验及机理研究［D］. 徐州：中国矿业大学，2011.

［61］ Wang L，Xu Y，Jiang S，et al. Imidazolium based ionic liquids affecting functional groups and oxidation properties of bituminous coal ［J］. Safety Science，2012，50(7)：1528-1534.

［62］ Marinov V N. Self-ignition and mechanisms of interaction of coal with oxygen at low temperatures ［J］. Fuel，1977，56(2)：153-164.

［63］ Wang H，Dlugogorski B Z，Kennedy E M. Analysis of the mechanism of the low-temperature oxidation of coal ［J］. Combustion and Flame，2003，134(1)：107-117.

［64］ Swann P D，Evans D G. Low-temperature oxidation of brown coal. 3. Reaction with molecular oxygen at temperatures close to ambient ［J］. Fuel，1979，58(4)：276-280.

［65］ Baris K，Kizgut S，Didari V. Low-temperature oxidation of some Turkish coals ［J］. Fuel，2012，93：423-432.

［66］ 李增华. 煤炭自燃的自由基反应机理［J］. 中国矿业大学学报，1996，25(3)：111-114.

［67］ Lopez，D，Sanada Y，Mondragon F，etal. Effect of low-temperature oxidation of coal on hydrogen-transfer capability ［J］，Fuel，1998，77(14)：1623-1628.

［68］ Wang H，Dlugogorski B Z，Kennedy E M. Theoretical analysis of reaction regimes in low-temperature oxidation of coal ［J］. Fuel，1999，78(9)：1073-1081.

［69］ Wang H，DlugogorskiB Z，Kennedy E M. Thermal decomposition of solid oxygenated complexes formed by coal oxidation at low temperatures ［J］. Fuel，

2002，81(15)：1913-1923.

[70] 陆伟.煤自燃逐步自活化反应过程研究[D].徐州：中国矿业大学,2006.

[71] 陆伟,胡千庭,仲晓星,等.煤自燃逐步自活化反应理论[J].中国矿业大学学报，2007,36(1)：111-115.

[72] 李林,Beamish B B,姜德义.煤自然活化反应理论[J].煤炭学报,2009,34(4)：505-508.

[73] 王继仁,邓存宝.煤微观结构与组分量质差异自燃理论[J].煤炭学报,2007,32(12)：1291-1296.

[74] 虞继舜.煤化学[M].北京：冶金工业出版社,2000.

[75] 谢克昌.煤的结构与反应性[M].北京：科学技术出版社,2002：68-92.

[76] Tooke P B, Grint A. Fourier transform infra-redstudies of coal [J]. Fuel, 1983, 62(9)：1003-1008.

[77] Iglesias M J, De la Puente G, Fuente E, et al. Compositional and structural changes during aerial oxidation of coal and their relations with technological properties [J]. Vibrational spectroscopy, 1998, 17(1)：41-52.

[78] 石必明.易自燃煤低温氧化和阻化的微观结构分析.煤炭学报,2000,25(6)：294-298.

[79] 冯杰,李文英,谢克昌.傅立叶红外光谱法对煤结构的研究[J].中国矿业大学学报.2002,31(5)：362-366.

[80] 葛岭梅,李建伟.神府煤低温氧化过程中官能团结构演变[J].西安科技学院学报，2003,23(2)：187-190.

[81] 杨永良,李增华,尹文宣,等.易自燃煤漫反射红外光谱特征[J].煤炭学报,2007，32(7)：729-733.

[82] 余明高,郑艳敏,路长,等.煤自燃特性的热重-红外光谱实验研究[J].河南理工大学学报(自然科学版),2009,28(5)：547-551.

[83] Yao S, Zhang K, Jiao K, et al. Evolution of coal structures：FTIR analyses of experimental simulations and naturally matured coals in the Ordos Basin, China [J]. Energy, Exploration & Exploitation, 2011, 29(1)：1-20.

[84] Tahmasebi A, Yu J, Han Y, et al. A study of chemical structure changes of Chinese lignite during fluidized-bed drying in nitrogen and air [J]. Fuel Processing Technology, 2012, 101：85-93.

[85] 戚绪尧.煤中活性基团的氧化及自反应过程[D].徐州：中国矿业大学,2011.

[86] Liotta R, Brons G, Isaacs J. Oxidative weathering of Illinois No. 6 coal [J]. Fuel, 1983, 62(7)：781-791.

[87] Calemma V, Rausa R, Margarit R, et al. 1988. FT-i. r. study of coal oxidation at low temperature [J]. Fuel, 67：764-770.

[88] Clemens A H, Matheson T W, Rogers D E. Low temperature oxidation studies of dried New Zealand coals [J]. Fuel, 1991, 70(2)：215-221.

[89] Gong B, Pigramb PJ, Lamba RN. 1998. Surface studies of low-temperature ox-

idation of bituminous coal vitrain bands using XPS and SIMS [J]. Fuel, 77(9/10): 1081-1087.

[90] 戴广龙. 煤低温氧化及自燃特性的综合实验研究[D]. 徐州:中国矿业大学,2005

[91] 战婧. 添加剂对煤低中温氧化过程的影响及其机理研究[D]. 北京:中国科学技术大学,2012.

[92] Sujanti W, Zhang D K, Inhibition and promotion agents of spontaneous combustion of coal, The 25th Australian and New Zealand Chemical Engineer's Conference and Exhibition ŽChemeca'98. , Rotorua, New Zealand, 1997.

[93] Sujanti W, Zhang D K, A laboratory study of spontaneous combustion of coal: the influence of inorganic matter and reactor size [J]. Fuel, 1999, (78): 549-556.

[94] 杨运良,于水军. 防止煤炭自燃的新型阻化剂研究[J]. 煤炭学报,1999,24(2): 163-166.

[95] 于水军,张如意. 防老剂甲的分散性对煤炭自燃阻化效果的影响[J]. 矿业安全与环保, 1999 (5): 23-24.

[96] Sujanti W, Zhang D K. Investigation into the role of inherent inorganic matter and additives in low-temperature oxidation of a Victorian brown coal [J]. Combustion science and technology, 2000, 152(1): 99-114.

[97] Watanabe W S, Zhang D. The effect of inherent and added inorganic matter on low-temperature oxidation reaction of coal [J]. Fuel processing technology, 2001, 74(3): 145-160.

[98] 董希琳,陈长江,郭艳丽. 煤炭自燃阻化文献综述[J]. 消防科学与技术,2002(2): 28-31.

[99] 叶兵. 防止煤炭自燃的阻化机理及阻化特性研究[D]. 阜新:辽宁工程技术大学,2006.

[100] 郑兰芳. 阻化剂抑制煤炭氧化自燃性能的实验研究[D]. 西安:西安科技大学,2009.

[101] 于水军,谢锋承,路长,等. 不同还原程度煤的氧化与阻化特性[J]. 煤炭学报, 2010,35(增): 136-140.

[102] 李金亮,陆伟,徐俊. 化学阻化剂防治煤自燃及其阻化机理分析[J]. 煤炭科学技术, 2012,40(1): 50-53.

[103] Le Manquais, K. , Snape, C. , Barker, J. , & McRobbie, I. TGA and Drop Tube Furnace Investigation of Alkali and Alkaline Earth Metal Compounds as Coal Combustion Additives [J]. Energy & Fuels, 2012,26(3), 1531-1539.

[104] Singh A K, Sahay N, Ahmad I, et al. Role of inorganic compounds as inhibitor in diminishing self-heating phenomena of Indian coal [J]. Journal of mines, metals and fuels, 2002, 50(9): 356-359.

[105] 陆卫东,王继仁,邓存宝,等. 基于活化能指标的煤自燃阻化剂实验研究[J]. 矿业快报,2007,462(10): 45-47.

[106] 单亚飞,王继仁,邓存宝,等.不同阻化剂对煤自燃影响的实验研究[J].辽宁工程技术大学学报:自然科学版,2008,27(1):1-4.

[107] Taraba B, Peter R, Slovák V. Calorimetric investigation of chemical additives affecting oxidation of coal at low temperatures [J]. Fuel Processing Technology, 2011, 92(3): 712-715.

[108] Slovák V, Taraba B. Urea and CaCl₂ as inhibitors of coal low-temperature oxidation [J]. Journal of thermal analysis and calorimetry, 2012, 110 (1): 363-367.

[109] Pandey J, Mohalik N K, Mishra R K, et al. Investigation of the Role of Fire Retardants in Preventing Spontaneous Heating of Coal and Controlling Coal Mine Fires [J]. Fire Technology, 2012, 1-19.

[110] Zhan J, Wang H H, Song S N, et al. Role of an additive in retarding coal oxidation at moderate temperatures [J]. Proceedings of the Combustion Institute, 2011, 33(2): 2515-2522.

[111] Toth I, Glior C, Cioclea D, et al. New researches in diminishing self-heating/self-combustion phenomena in the JIU Valley Romania Coal Mines by the use of Inorganic inhibitors. In: Proceeding, 27th international conference of safety in mines research institutes, New Delhi, India, 1997: 535-558.

[112] 沈冲.甲醇-乙醇-水-离子液体体系汽液平衡的测定及热力学模型研究[D].北京:北京化工大学,2011.

[113] Holbrey J D, Seddon K R. Ionic liquids [J]. Clean Products and Processes, 1999, 1(4): 223-236.

[114] Walden P. Molecular weights and electrical conductivity of several fused salts [J]. Bull. Acad. Sci. St. Petersburg, 1914, 405: 22.

[115] Hurley F H, WIer T P. The electrodeposition of aluminum from nonaqueous solutions at room temperature [J]. Journal of the Electrochemical Society, 1951, 98(5): 207-212.

[116] Chum H L, Koch V R, Miller L L, et al. Electrochemical scrutiny of organometallic iron complexes and hexamethylbenzene in a room temperature molten salt [J]. Journal of the American Chemical Society, 1975, 97(11): 3264-3265.

[117] Tait, S. Osteryoung, R. A. Infrared study of ambient-temperature chloro aluminates as a function of melt acidity [J]. Inorganic Chemistry, 1984, 23 (25): 352-4360.

[118] Wilkes, J. S. A short history ofionic liquids-from molten salts to neoteric solvents [J]. Green. Chem., 2002, 4 (2):73-80.

[119] Wilkes, J. S. Zaworotko, M. J. Air andwater stable 1-ethyl-3-methylimidazolium based ionic liquids [J]. Chem. Commun., 1992 (13):965-967.

[120] 田中华,华贲,王键吉,等.室温离子液体物理化学性质研究进展[J].化学通报,2004 (67): 1-10.

［121］邓友全.离子液体-性质、制备与应用［D］.北京:中国石化出版社,2006.

［122］张星辰.离子液体:从理论基础到研究进展［M］.北京:化学工业出版社,2009

［123］Rogers R D, Seddon K R. Ionic liquids--solvents of the future? ［J］. Science, 2003, 302(5646): 792-793.

［124］Anderson J L, Ding J, Welton T, et al. Characterizing ionic liquids on the basis of multiple solvation interactions ［J］. Journal of the American Chemical Society, 2002, 124(47): 14247-14254.

［125］Sun N, He X, Dong K, et al. Prediction of the melting Points for two kinds of room temperature ionic liquids ［J］. Fluid Phase Equilib. , 2006, 246(1-2):137-142.

［126］顾彦龙,彭家建,乔琨,等.室温离子液体及其在催化和有机合成中的应用［J］.化学进展,2003,15(3):222-241.

［127］蒋栋,王媛媛,刘洁,等.咪唑类离子液体结构与熔点的构效关系及其基本规律［J］.化学通报,2007,70(5):371-375

［128］Ngo, H. L. LeCompte, K. Hargens, L. McEwen, A. B. Thermal properties of imidazolium ionic liquid ［J］. Thermochim Acta, 2000 (357):97-102.

［129］Huddleston J G, Visser A E, Reichert W M, et al. Characterization and comparison of hydrophilic and hydrophobic room temperature ionic liquids incorporating the imidazolium cation ［J］. Green Chemistry, 2001, 3(4): 156-164.

［130］Fredlake C P, Crosthwaite J M, Hert D G, et al. Thermophysical properties of imidazolium-based ionic liquids ［J］. Journal of Chemical & Engineering Data, 2004, 49(4): 954-964.

［131］Ferreira A F, Simões P N, Ferreira A G M. Quaternary phosphonium-based ionic liquids: Thermal stability and heat capacity of the liquid phase ［J］. The Journal of Chemical Thermodynamics, 2012, 45(1): 16-27.

［132］Sudhir N V K. How polar are room-temperature ionic liquids? ［J］. Chemical Communications, 2001 (5): 413-414.

［133］Kla hn M, Stu ber C, Seduraman A, et al. What determines the miscibility of ionic liquids with water? Identification of the underlying factors to enable a straightforward prediction ［J］. The Journal of Physical Chemistry B, 2010, 114(8): 2856-2868.

［134］Anthony J L, Maginn E J, Brennecke J F. Solution thermodynamics of imidazolium-based Ionicliquids and water ［J］. Journal of Physical Chemistry B, 2001, 105(10): 942-951. ,

［135］Cammarata L, Kazarian S G, Salter P A, et al. Molecular states of water in room temperature ionic liquids ［J］. Physical Chemistry Chemical Physics, 2001, 3(23): 5192-5200.

［136］Crowhurst L, Mawdsley P R, Perez-Arlandis J M, et al. Solvent - solute interactions in ionic liquids ［J］. Physical Chemistry Chemical Physics, 2003, 5

（13）：2790-2794.

[137] 赵旭,邢华斌,李如龙,等.离子液体在气体分离中的应用[J].化学进展,2011,23（11）:2258-2268.

[138] Anthony J L, Anderson J L, Maginn E J, et al. Anion effects on gas solubility in ionic liquids [J]. The Journal of Physical Chemistry B, 2005, 109 (13): 6366-6374.

[139] Muldoon M J, Aki S N V K, Anderson J L, et al. Improving carbon dioxide solubility in ionic liquids [J]. The Journal of Physical Chemistry B, 2007, 111 (30): 9001-9009.

[140] 吴晓萍,刘志平,汪文川.分子模拟研究气体在室温离子液体中的溶解度[J].化学工业与工程技术,2005(10):1138-1142.

[141] Zhang J, Zhang Q, Qiao B, et al. Solubilities of the gaseous and liquid solutes and their thermodynamics ofsolubilization in the novel room-temperature ionic liquids at infinite dilution by gas chromatography [J]. Journal of Chemical & Engineering Data, 2007, 52(6): 2277-2283.

[142] Bonhote P, Dias A P, Papageorgiou N, et al. Hydrophobic, highly conductive ambient-temperature molten salts [J]. Inorganic Chemistry, 1996, 35 (5): 1168-1178.

[143] Crosthwaite J M, Aki S N V K, Maginn E J, et al. Liquid phase behavior of imidazolium-based ionic liquids with alcohols: effect of hydrogen bonding and non-polar interactions [J]. Fluid phase equilibria, 2005, 228: 303-309.

[144] 赵东滨,寇元.室温离子液体:合成,性质及应用[J].大学化学,2002,17(1):42-46.

[145] 于颖敏,张岩峰,朱东霞.燃油各组分在咪唑盐类离子液体中溶解性的研究[J].东北师大学报:自然科学版,2009,41(2):121-125.

[146] Holbrey J D, Reichert W M, Nieuwenhuyzen M, et al. Liquid clathrate formation in ionic liquid-aromatic mixtures [J]. Chemical Communications, 2003 (4): 476-477.

[147] Nie Y, Li C, Sun A, et al. Extractive desulfurization of gasoline using imidazolium-based phosphoric ionic liquids [J]. Energy & Fuels, 2006, 20(5): 2083-2087.

[148] Jiang X, Nie Y, Li C, et al. Imidazolium-based alkylphosphate ionic liquids - a potential solvent for extractive desulfurization of fuel [J]. Fuel, 2008, 87 (1): 79-84.

[149] Holbrey J D, Turner M B, Reichert W M, et al. New ionic liquids containing an appended hydroxyl functionality from the atom-efficient, one-pot reaction of 1-methylimidazole and acid with propylene oxide [J]. Green Chemistry, 2003, 5(6): 731-736.

[150] 朱吉钦,陈健,费维扬.新型离子液体用于芳烃、烯烃与烷烃分离的初步研究[J].

化工学报,2004,55(12):2091-2094.

[151] Hanke C G, Johansson A, Harper J B, et al. Why are aromatic compounds more soluble than aliphatic compounds in dimethylimidazolium ionic liquids? A simulation study [J]. Chemical physics letters, 2003, 374(1): 85-90.

[152] Kosan B, Michels C, Meister F. Dissolution and forming of cellulose with ionic liquids [J]. Cellulose, 2008, 15(1): 59-66.

[153] Miyafuji H, Miyata K, Saka S, et al. Reaction behavior of wood in an ionic liquid, 1-ethyl-3-methylimidazolium chloride [J]. Journal of wood science, 2009, 55(3): 215-219.

[154] Zhang H, Wu J, Zhang J, et al. 1-Allyl-3-methylimidazolium chloride room temperature ionic liquid: a new and powerful nonderivatizing solvent for cellulose [J]. Macromolecules, 2005, 38(20): 8272-8277.

[155] 郭立颖. 咪唑类离子液体的合成、对纤维素和木粉的溶解性能及其在高分子中的应用[D]. 安徽:合肥工业大学,2009.

[156] Kilpeläinen I, Xie H, King A, et al. Dissolution of wood in ionic liquids [J]. Journal of Agricultural and Food Chemistry, 2007, 55(22): 9142-9148.

[157] Biswas A, Shogren R L, Stevenson D G, et al. Ionic liquids as solventsfor biopolymers: Acylation of starch and zein protein [J]. Carbohydrate Polymers, 2006, 66(4): 546-550.

[158] 罗慧谋,李毅群,周长忍. 功能化离子液体对纤维素的溶解性能研究[J]. 高分子材料科学与工程,2005,21(2):234-239.

[159] Liu H, Sale K L, Holmes B M, et al. Understanding the interactions of cellulose with ionic liquids: a molecular dynamics study [J]. The Journal of Physical Chemistry B, 2010, 114(12): 4293-4301.

[160] Gupta K M, Hu Z, Jiang J. Mechanistic understanding of interactions between cellulose and ionic liquids: A molecular simulation study [J]. Polymer, 2011, 52(25): 5904-5911.

[161] Hunt P A. Why does a reduction in hydrogen bonding lead to an increase in viscosity for the 1-butyl-2, 3-dimethyl-imidazolium-based ionic liquids? [J]. The Journal of Physical Chemistry B, 2007, 111(18): 4844-4853.

[162] Zhang W, Jiang S, Wu Z, et al. An experimental study of the effect of ionic liquids on the low temperature oxidation of coal [J]. International Journal of Mining Science and Technology, 2012, 22, 687-691

[163] 张卫清,蒋曙光,吴征艳,等. 离子液体影响煤中氢键的基础研究[J]. 中国矿业大学学报. 2013,42(2):200-205.

[164] 张卫清,蒋曙光,吴征艳,等. 离子液体处理对煤微观活性结构的影响[J]. 中南大学学报(自然科学版),2013,44(5):2008-2013.

[165] Zhang W, Jiang S, Wu Z, et al. Effect ofionic liquids on low-temperature oxidation of coal [J]. International Journal of Coal Preparation and Utilization,

2013，33(2)：90-98.

[166] Ibarra J V，Munoz E，Moliner R. FTIR study of the evolution of coal structure during the coalification process [J]. Organic geochemistry，1996，24(6)：725-735.

[167] Pietrzak R，Wachowska H. Low temperature oxidation of coals of different rank and different sulphur content [J]. Fuel，2003，82(6)：705-713.

[168] John A. Dean. 分析化学手册 第 6 章 红外光谱法与拉曼光谱法(常文保等译) [M].北京:科学出版社,2003.

[169] 段菁春,庄新国,何谋春. 不同变质程度煤的激光拉曼光谱特征[J].地质科技情报,2002,21(2):65-68.

[170] Potgieter - Vermaak S，Maledi N，Wagner N，et al. Raman spectroscopy for the analysis of coal：a review [J]. Journal of Raman Spectroscopy，2011，42(2)：123-129.

[171] 王威.利用热重分析研究煤的氧化反应过程及特征温度[D].西安:西安科技大学,2005.

[172] Wang H H. Kinetic analysis of dehydration of a bituminous coal using the TGA technique [J]. Energy & Fuels，2007，21(6)：3070-3075.

[173] Wang H，Dlugogorski B Z，Kennedy E M. Pathways for productionof CO2 and CO in low-temperature oxidation of coal [J]. Energy & fuels，2003，17(1)：150-158.

[174] Fan Y，Zou Z，Cao Z，et al. Ignition characteristics of pulverized coal under high oxygen concentrations [J]. Energy & Fuels，2008，22(2)：892-897.

[175] Tsu R，González H J，Hernández C I，et al. Raman scattering and luminescence in coal and graphite [J]. Solid State Communications，1977，24(12)：809-812.

[176] Green P D，Johnson C A，Thomas K M. Applications of laser Raman microprobe spectroscopy to the characterization of coals and cokes [J]. Fuel，1983，62(9)：1013-1023.

[177] Beyssac O，Goffé B，Petitet J P，et al. On the characterization of disordered and heterogeneous carbonaceous materials by Raman spectroscopy [J]. Spectrochimica Acta Part A：Molecular and Biomolecular Spectroscopy，2003，59(10)：2267-2276.

[178] Sadezky A，Muckenhuber H，Grothe H，et al. Raman microspectroscopy of soot and related carbonaceous materials：spectral analysis and structural information [J]. Carbon，2005，43(8)：1731-1742.

[179] Sheng C. Char structure characterised by Raman spectroscopy and its correlations with combustion reactivity [J]. Fuel，2007，86(15)：2316-2324.

[180] Livneh T，Bar-Ziv E，Senneca O，et al. Evolution of reactivity of highly porous chars from Raman microscopy [J]. Combustion science and technology，

2000，153(1)：65-82.

[181] Sonibare O O，Haeger T，Foley S F. Structural characterization of Nigerian coals by X-ray diffraction，Raman and FTIR spectroscopy [J]. Energy，2010，35(12)：5347-5353.

[182] Li X，Hayashi J，Li C Z. FT-Raman spectroscopic study of the evolution of char structure during the pyrolysis of a Victorian brown coal [J]. Fuel，2006，85(12)：1700-1707.

[183] Nestler K，Dietrich D，Witke K，et al. Thermogravimetric and Raman spectroscopic investigations on different coals in comparison to dispersed anthracite found in permineralized tree fern Psaronius sp [J]. Journal of Molecular Structure，2003，661：357-362.

[184] Lu L，Sahajwalla V，Kong C，et al. Quantitative X-ray diffraction analysisand its application to various coals [J]. Carbon，2001，39(12)：1821-1833.

[185] http://en. wikipedia. org/wiki/Infrared_spectroscopy.

[186] 邹建平,王璐,曾润生. 有机化合物结构分析[M]. 北京:科学出版社,2005：34-86.

[187] Strydom C A，Bunt J R，Schobert H H，et al. Changes to the organic functional groups of an inertinite rich medium rank bituminous coal during acid treatment processes [J]. Fuel Processing Technology，2011，92(4)：764-770.

[188] Erdenetsogt B O，Lee I，Lee S K，et al. Solid-state C-13 CP/MAS NMR study of Baganuur coal，Mongolia：Oxygen-loss during coalification from lignite to subbituminous rank [J]. International Journal of Coal Geology，2010，82(1)：37-44.

[189] Li D，Li W，Li B. A new hydrogen bond in coal [J]. Energy & fuels，2003，17(3)：791-793.

[190] Banerjee S C,Chakravorty R N. Use of DTA in the study of spontaneous combustion of coal [J]. Journal of Mines，Metals & Fuels，1967，15(1)：1-5.

[191] Liu F，Li L，Yu S，et al. Methanolysis of polycarbonate catalysed by ionic liquid [Bmim][Ac] [J]. Journal of Hazardous Materials，2011，189(1)：249-254.

[192] Marzec A. Towards an understanding of the coal structure：a review [J]. Fuel Processing Technology，2002，77：25-32.

[193] Atefi F，Garcia M T，Singer R D，et al. Phosphonium ionic liquids：design，synthesis and evaluation of biodegradability [J]. Green Chemistry，2009，11(10)：1595-1604.

[194] Luo J，Conrad O，Vankelecom I F J. Physicochemical properties of phosphonium-based and ammonium-based protic ionic liquids [J]. Journal of Materials Chemistry，2012，22(38)：20574-20579.

[195] Bradaric C J，Downard A，Kennedy C，et al. Industrial preparation of phos-

phonium ionic liquids [J]. Green Chemistry, 2003, 5(2): 143-152.

[196] Keglevich G, Baan Z, Hermecz I, et al. The phosphorus aspects of green chemistry: the use of quaternary phosphonium salts and 1, 3-dialkylimidazolium hexafluorophosphates in organic synthesis [J]. Current Organic Chemistry, 2007, 11(1): 107-126.

[197] 黄强,王丽丽,郑保忠,等.以季盐离子液体为反应介质的绿色有机反应[J].化学进展,2009,21(9):1782-1791.

[198] 田蓉,李少卿,万丽,等.离子液体在碳纳米管功能化及复合材料中的应用研究进展[J].化工进展,2008,27(10):1569-1573.

[199] Miller A L, Drake P L, Murphy N C, et al. Evaluating portable infrared spectrometers for measuring the silica content of coal dust [J]. Journal of Environmental Monitoring, 2012, 14(1): 48-55.

[200] Larsen JW, Shawver S. Solvent swelling studies of two low-rank coals [J]. Energy & Fuels, 1990, 4(1): 74-77.

[201] Carlson G A. Computer simulation of the molecular structure of bituminous coal [J]. Energy & fuels, 1992, 6(6): 771-778.

[202] Chen C, Ma X, He Y. Co-pyrolysis characteristics of microalgae Chlorella vulgaris and coal through TGA [J]. Bioresource Technology, 2012, 117: 264-273.

[203] Aboulkas A, El Harfi K, El Bouadili A. Pyrolysis of olive residue/low density polyethylene mixture: Part I Thermogravimetric kinetics [J]. Journal of Fuel Chemistry and Technology, 2008, 36(6): 672-678.

[204] Aboulkas A, Nadifiyine M. Investigation on pyrolysis of Moroccan oil shale/plastic mixtures by thermogravimetric analysis [J]. Fuel Processing Technology, 2008, 89(11): 1000-1006.

[205] Zhou L, Wang Y, Huang Q, et al. Thermogravimetric characteristics and kinetic of plastic and biomass blends co-pyrolysis [J]. Fuel processing technology, 2006, 87(11): 963-969.

[206] Darmstadt H, Garcia-Perez M, Chaala A, et al. Co-pyrolysis under vacuum of sugar cane bagasse and petroleum residue: properties of the char and activated char products [J]. Carbon, 2001, 39(6): 815-825.